JAGUAR XK8

XKR

JAGUAR
SUPERCHARGED

JAGUAR XK8
XKR

Stefano Pasini

AUTOMOBILIA

Editore / Publisher / Editeur
Bruno Alfieri

Redazione / Editors / Rédaction
Ippolito Alfieri, Saveria Tolomeo

Produzione / Production / Production
Verde Alfieri

Photos
Gabriela Noris, Jaguar Cars Limited, Archivio Automobilia

Traduzioni / Translations / Traductions
Michel Maillard, John Irving

CL 41-0396-3 ISBN 88-7960-018-4

PRINTED AND BOUND IN ITALY

Società per la Storia e l'Immagine dell'Automobile
I-20149 Milano, via Alberto Mario 16
tel. (0039)0248021671 / 0248021481 / 0248021428
fax (0039)0248194968
E-mail: automobilia@tin.it
www.carbooksautomobilia.it

Finito di stampare nell'ottobre 1998
da Grafiche Editoriali Padane, Cremona

INDEX

7	Prefazione Foreword Avant-propos
9	Le antenate Ancestors Les ancêtres
27	Il design Styling Le design
61	La meccanica The mechanics La mécanique
79	Impressioni di guida Driving impressions Impressions de conduite

PREFAZIONE

Da vecchio giaguarista che, su diversi modelli, ha percorso centinaia di migliaia di chilometri "tirato" dagli splendidi motori XK a 6 cilindri, è un vero piacere licenziare alle stampe questo libro di Stefano Pasini sulla XK8 – coupé e convertible – e sulla loro versione XKR.

Questo nuovo motore è profondamente cambiato ed evoluto e conta ormai 8 cilindri, ma è la naturale continuazione della gloriosa storia dei vecchi XK, splendidi e luccicanti, ben disegnati, silenziosi, progressivi e potenti. Viaggiare su una XK150 a 210 chilometri orari con l'*overdrive* – velocità inaudita per una granturismo di serie degli anni Cinquanta – era come scivolare sul velluto e nella quiete, arrivando a destinazione freschi, riposati e gratificati. E lo slogan di quel modello era la parola *"pace"* (ritmo). Poco importava se lo sterzo era pesante sui *tourniquets*! Anche la Mark II, la più diffusa Jaguar degli anni Sessanta, era un capolavoro di personalità, di buona ed elegante meccanica e di stupende forme. Ricordo che l'architetto Marco Zanuso, felice proprietario di una Mark II 3.8, soleva dire: "È come viaggiare in aereo, tra le nuvole, in un limbo di privilegiati".

Le due XK8 sono figlie di quel momento irripetibile, le Jaguar più riuscite degli ultimi due decenni. Buona lettura e buon viaggio.

L'editore

FOREWORD

As a seasoned Jaguar driver who squeezed hundreds of thousands of kilometres out of the splendid XK 6-cylinder engines on different models, it is a real pleasure for me to be able to publish this book by Stefano Pasini on the XK8 – coupé and convertible – and their XKR version.

The new engine has changed and developed a lot. It now has 8 cylinders but it is nonetheless a natural continuation of the glorious history of the old XKs, lovely and shiny, well designed, silent, progressive and powerful. Travelling at 210 km/h with the XK150 on overdrive – an unheard of speed for a standard GT in the fifties – was like sliding softly on velvet. You reached your destination fresh, well-rested and gratified. The slogan for that model was the word *'pace'*. Who cared if the steering was heavy round hairpins. Even the Mark II, the most popular Jaguar in the sixties was a masterpiece of personality, fine elegant mechanics and stupendous form. I remember that the architect Marco Zanuso, the lucky owner of a Mark II 3.8, used to say, 'it's like travelling through the clouds in an aeroplane, in the limbo of a privileged few'.

The two XK8s are the progeny of that brief unrepeatable moment, the most successful Jaguars of the last two decades. I hope you will enjoy the book. *Bon voyage*!

The publisher

AVANT-PROPOS

En vieux conducteur de Jaguar qui, sur différents modèles, a parcouru des centaines de kilomètres " entraîné " par les splendides moteurs XK à 6 cylindres, c'est un véritable plaisir que de signer le bon à tirer de ce livre de Stefano Pasini sur la XK8 – coupé et convertible – et sur sa version XKR.

Ce nouveau moteur a connu une évolution qui l'a profondément modifié, il compte désormais 8 cylindres, mais c'est la continuation naturelle de l'histoire glorieuse des anciens XK, splendides et brillants de mille feux, bien conçus, silencieux, progressifs et puissants. Voyager sur une XK150 à 210 kilomètres heure avec l'*overdrive* – vitesse inouïe pour une grand tourisme de série des années cinquante – cela revenait à glisser sur du velours, dans le calme, en arrivant à destination frais, reposés et heureux. Le slogan de ce modèle, c'était le mot " *pace* " (rythme). Peu importait si la direction était lourde sur les tourniquets ! Même la Mark II, la Jaguar la plus répandue des années soixante, était un chef d'œuvre de personnalité, de bonne mécanique et élégance aux formes stupéfiantes. Je me souviens que l'architecte Marco Zanuso, heureux propriétaire d'une Mark II 3.8, avait l'habitude de dire : "on dirait qu'on voyage en avion, entre les nuages, dans un cercle de privilégiés ".

Les deux XK8 sont les enfants de ce sommet inégalable, les Jaguar les plus réussies des deux dernières décennies. Bonne lecture et bon voyage.

L'éditeur

Jaguar XK120
Open-Two-Seater e XK8. Cinquant'anni di "XK" a confronto. Due linee molto caratterizzate in cui si percepisce un denominatore comune nel gusto per le forme eleganti e dinamiche.

The Jaguar XK 120 Open-Two-Seater and the XK8. Fifty years of 'XK' compared. Two extremely characterised lines in which it's possible to perceive a common denominator in a taste for elegant, dynamic form.

Jaguar XK120 Open-Two-Seater et XK8. Cinquante ans de " XK " comparés. Deux lignes aux très fortes personnalités où l'on perçoit un dénominateur commun dans le goût pour les formes élégantes et dynamiques.

LE ANTENATE

La Jaguar XK compie, nel 1998, cinquant'anni. Un mezzo secolo di gloria, cinque decadi che il più bello e classico dei motori inglesi ha percorso accumulando glorie e successi come forse nessun'altro motore del suo livello. Ha una storia lunga e complicata, una carriera polimorfa alle spalle: vale la pena di ricordarne almeno i punti salienti, quelli più importanti.

La serie XK nacque in giorni assai difficili per l'industria automobilistica "civile". Nel maggio del 1945, la Seconda Guerra Mondiale finì infatti con un V-Day molto celebrato e l'Inghilterra a fare i conti, dal giorno immediatamente successivo, con una situazione finanziaria disastrosa. Se "miseria" sembra una parola grossa, "enorme scarsezza di liquidi" può dare un'idea comunque accurata: vinta la guerra contro la Germania, l'Inghilterra si ritrovava piena di debiti (soprattutto verso gli USA), di una marea di materiale bellico ormai inutile e di fiumane di reduci da sfamare, se non da fare arricchire.

Il governo di Attlee, subentrato a un Churchill disonorevolmente cacciato subito dopo la fine della guerra, strinse la cinghia ovunque, specialmente sulle auto. La produzione di vetture nuove doveva essere indirizzata all'estero, per incamerare valuta fresca, altrimenti il fabbricante non avrebbe ricevuto neppure le materie prime necessarie alla costruzione dei suoi prodotti.

Avendo completamente distrutto la Germania e la sua industria con i bombardamenti a tappeto della RAF, l'Inghilterra non poté neppure beneficiare di rimborsi dei danni di guerra: le poche cose di valore rimaste vennero inoltre colpevolmente trascurate, perché, in quei momenti, le idee dell'industria automobilistica erano confuse quanto quelle del governo. La BMW, ad esempio, venne offerta alla Frazer-Nash dei fratelli

ANCESTORS

In 1998 the Jaguar XK celebrates its fiftieth anniversary. It's been half a century of glory, five decades in which the most beautiful, most classic English engine has clocked up more successes than any other unit of its calibre. Its history is long and complicated, its career polymorphous. Let's chart some of the milestones.

The XK came into being in a very difficult period for the 'civil' motoring industry. In May 1945, V-Day celebrations heralded the end of World War II, after which Britain woke up to a disastrous financial situation. It may be slightly exaggerated to speak of actual 'poverty'; an 'enormous lack of liquidity' maybe expresses the situation more clearly. After defeating Germany at war, Britain was up to its eyes in debt (especially with the USA). The country was full of now useless munitions and streams of war veterans to feed, if not to enrich.

The Attlee government which replaced Churchill, disgracefully dethroned straight after the end of the war, had to scrimp and save in all quarters, especially in the car industry. New car production had to be targeted abroad to bring home fresh currency, otherwise manufacturers weren't even entitled to the raw materials they needed to make their products.

After razing Germany and its industry to the ground with the carpet bombing of the RAF, Britain received no compensation for its own war damage. On top of that, the little that was left of any value was culpably neglected. The fact was that in such a critical moment the car industry's ideas were as confused as the government's. BMW was offered on a plate to the Aldington brothers' Frazer-Nash company, but all they chose to bring home from Munich were the drawings for the 328, which they used to

LES ANCÊTRES

La Jaguar XK fête ses cinquante ans en 1998. Un demi-siècle de gloire, cinq décennies que le plus beau et le plus classique des moteurs anglais a parcouru en accumulant titres de gloire et victoires comme peut-être aucun autre moteur de son niveau. Son histoire est longue et compliquée, sa carrière polymorphe : il est intéressant d'en rappeler au moins les points marquants les plus importants.

La série XK a vu le jour dans une époque assez difficile pour l'industrie automobile " civile ". En mai 1945, la Deuxième Guerre Mondiale prenait fin avec un V-Day très célébré, et l'Angleterre devait faire ses comptes, dès le lendemain, se retrouvant dans une situation financière désastreuse. Si " misère " paraît un bien grand mot, il est cependant possible de décrire assez exactement la situation comme " une énorme rareté de liquidités " : une fois la guerre gagnée contre l'Allemagne, l'Angleterre se retrouvait pleine de dettes (surtout envers les Etats-Unis), débordant d'une quantité astronomique de matériels de guerre désormais inutiles et avec des foules de rescapés à nourrir, sinon à faire enrichir.

Le gouvernement de Attlee, qui avait pris la suite d'un Churchill honteusement chassé sitôt la guerre finie, devait serrer la ceinture partout, spécialement sur les voitures. La production de voitures neuves devait être organisée pour l'étranger, dans le but de faire rentrer des devises fraîches, sinon le fabricant ne recevait même pas les matières premières nécessaires à la construction de ses produits.

Ayant complètement détruit l'Allemagne et son industrie avec les bombardements de la RAF, l'Angleterre n'avait même pas pu bénéficier de remboursements de dommages de guerre : les rares choses de valeur qui avaient survécu furent

Aldington, i quali però presero a Monaco solo i disegni della 328, utilizzandoli per la costruzione della futura Bristol 400, mentre la Volkswagen, proposta gratis alla Rootes, venne rifiutata come auto "evidentemente priva di qualsiasi futuro commerciale".

Sir William Lyons era di un'altra razza. Lui, gli affari, li capiva al volo, perché amava le sue macchine e ne conosceva a fondo la clientela, gli umori, le speranze. Con la sua SS100 del 1936, egli aveva dato ai suoi clienti una Bentley a un prezzo inferiore alla metà di quello di una 4,5 litri di Crewe; per ripetere l'*exploit* mise insieme ciò che di meglio riuscì a trovare, da un lato le prestazioni, dall'altro il prezzo.

Il motore doveva essere alla base del rilancio della sua azienda; già nel 1944 Lyons, assieme ai suoi collaboratori Heynes, Weslake, Hassan e altri, aveva iniziato a studiare il nuovo propulsore, la cui sigla X (per "Experimental") venne seguita da un'altra lettera per spiegarne le fasi evolutive quindi si partì da XA per arrivare, con la sigla XF, al primo motore messo al banco.

All'epoca, c'era una comprensibile tendenza a valorizzare l'idea di un 4 cilindri, a fianco di un

build the Bristol 400. Volkswagen was offered free to Rootes but was adjudged 'evidently devoid of any commercial future'.

Sir William Lyons was a man in a different class. He had an acute business sense because he loved the cars he made and knew his customers, their moods and their hopes perfectly. With his 1936 SS100, he had given his customers a Bentley at a price that was less than 50% cheaper than the Crewe-made 4.5 litre effort. To repeat the achievement, he put together the best he could find in terms of performance and price.

Engines were at the base of the relaunch of his company. As early as 1944 Lyons and his collaborators – Heynes, Weslake, Hassan and others – had begun to study the new unit. The acronym X (which stood for 'Experimental') was followed by another letter to denote the stage in its evolution: hence, from the XA the series continued up to the XF, the first engine to actually hit the test bench.

At the time, there was an understandable tendency to exploit the idea of a 4-cylinder engine alongside a 6, and not everyone was con-

de plus coupablement négligées, parce que, à cette époque, les idées de l'industrie automobile étaient aussi confuses que celles du gouvernement. BMW, par exemple, devait être offerte à la société Frazer-Nash des frères Aldington, lesquels ne devaient cependant prendre à Munich que les dessins de la 328, en les utilisant pour la construction de la future Bristol 400, alors que Volkswagen, proposée gratis à Rootes, fut refusée au motif qu'elle était une voiture " à l'évidence dépourvue de tout avenir commercial ".

Sir William Lyons était d'une autre race. Lui, les affaires, il les comprenait au vol, parce qu'il aimait ses voitures et il en connaissait à fond la clientèle, ses humeurs, ses espoirs. Avec sa SS100 de 1936, il avait donné à ses clients une Bentley à un prix inférieur de moitié de celui d'une 4,5 litres de Crewe ; pour répéter l'exploit, il devait réunir le meilleur de ce qu'il avait pu trouver, d'un côté les performances, de l'autre le prix.

Le moteur allait être à la base de la relance de son entreprise ; dès 1944 Lyons, avec ses collaborateurs Heynes, Weslake, Hassan et d'autres, avait commencé à étudier le nouveau propulseur, dont le sigle X (pour " Experimental ") devait être

William Lyons, Queen Elizabeth II.

William Lyons, Clark Gable.

WILLIAM LYONS

William Lyons nasce a Blackpool in Inghilterra il 4 settembre 1901. Appassionato di meccanica sin da giovanissimo si avvicina alle motociclette. Nel 1922 fonda con il vicino di casa William Walmsley la Swallow Sidecar Company. Nel 1927 entra nel settore automobilistico realizzando carrozzerie adattabili a telai di diversa provenienza, poi vetture complete.
Nel 1931 presenta la SS1, quella che può essere considerata la sua prima vettura realizzata completamente in proprio. Nel 1935 nasce la Jaguar.
Lyons rimane a capo della sua azienda fino al 1966 anno in cui la Jaguar passa sotto il controllo della BMC.
Lyons mantiene la carica di presidente fino al 1973 quando si ritira a vita privata, conservando la presidenza onoraria.
Morirà nel febbraio 1985 all'età di 83 anni.

WILLIAM LYONS

William Lyons was born in Blackpool, England, on September 4, 1901. Ever a mechanics enthusiast, as youngster he was particularly keen on motorcycles. In 1922 he and his neighbour William Walmsley formed the Swallow Sidecar Company. In 1927 he entered the car sector, first building bodies adaptable to different chassis, then complete cars.
In 1931 he presented the SS1, considered to be the first car he built entirely on his own. In 1935 the Jaguar was born.
Lyons stayed at the head of the company until 1966, when Jaguar was taken over by BMC.
Lyons stayed on as chairman until 1973, when he retired to private life, though he conserved the honorary chairmanship.
He died in 1985 at the age of 83.

6, e non tutti erano convinti dell'utilità di un motore con distribuzione bialbero; la lubrificazione era, ad esempio, un chiaro problema di questa soluzione tecnica. Lyons insistette e i suoi tecnici finalmente realizzarono, dopo varie fasi evolutive intermedie, il 6 bialbero con testate a camera di scoppio emisferica che lui desiderava, con potenza e coppia adeguate per il suo scopo. Il 4 venne infine scartato, come spiegò in seguito un'eminente personalità della Casa: "...non c'era ragione di produrlo... costava come un 6, ma quest'ultimo poteva essere venduto a un prezzo molto superiore". E, si dice, il 4 cilindri era viziato da una fastidiosa, insopprimibile vibrazione. Esteso a 6, la vibrazione sparì; con una cilindrata inizialmente fissata a 3.2 litri esso appariva ancora un poco carente in coppia a bassi regimi, ma, una volta che la corsa venne elevata da 93 a 106 mm, su indicazioni di Weslake, e la cilindrata arrivò a 3.4 litri, anche questo problema venne risolto. Era nato il motore XK.

La sua caratteristica più nobile era dunque quella di avere una elegante distribuzione a doppio albero a camme in testa, proprio come le migliori Bugatti e Alfa Romeo anteguerra.

vinced of the utility of an engine with a twin-shaft timing system. Lubrication was patently a problem with this technical solution. Lyons insisted and, through various stages of evolution, his technicians finally came up with the twin shaft 6 he wanted with a hemispherical combustion chamber and power and torque at last up to the task. The 4 was scrapped. As an eminent personality of the company subsequently explained, '...there was no reason to produce it ... it cost as much as a 6 but the latter could be sold at a much higher price'. It's also said that the 4-cylinder engine had a bothersome, unsuppressable vibration. In the 6 it disappeared. With a cylinder capacity initially fixed at 3.2 litres, the engine was still slightly short on torque at low revs, but once, following Weslake's instructions, the stroke was raised from 93 to 106 mm and the cylinder capacity to 3.4 litres, this hitch was eliminated too. The XK engine had been born.

Its most noble characteristic was its elegant twin overhead camshaft timing system, reminiscent of the finest pre-war Bugattis and Alfa Romeos.

suivi d'une autre lettre pour en expliquer les phases d'évolution; on devait donc partir de XA pour arriver, avec le sigle XF, au premier moteur effectivement mis sur le banc d'essai.

A l'époque, il existait une tendance compréhensible visant à valoriser l'idée d'un 4 cylindres, à côté d'un 6, et tout le monde n'était pas convaincu de l'utilité d'un moteur ayant une distribution à deux arbres ; cette solution technique posait un problème incontournable au niveau de la lubrification. Lyons devait insister, et ses ingénieurs finirent par réaliser, après différentes phases d'évolution intermédiaires, le 6 bi-arbre avec culasses à chambre d'explosion hémisphérique qu'il désirait, avec une puissance et un couple qui convenaient à sa destination. Le 4 devait finalement être écarté, comme une éminente personnalité de la firme devait l'expliquer par la suite : " ... il n'y avait aucune raison de le produire ... son coût de production était le même que celui d'un 6, mais ce dernier pouvait être vendu à un prix très supérieur ". De plus on dit que le 4 cylindres souffrait d'une vibration fastidieuse, impossible à supprimer. Développé à 6, la vibration devait disparaître ; avec une cylindrée

WILLIAM LYONS

William Lyons est né à Blackpool en Angleterre le 4 septembre 1901. Passionné de mécanique depuis sa plus grande jeunesse, il s'intéresse aux motocyclettes. En 1922 il fonde avec son voisin William Walmsley Swallow Sidecar Company. En 1927 il entre dans le secteur automobile en réalisant des carrosseries adaptables à des châssis de différentes provenances, puis des voitures complètes.
En 1931 il présente la SS1, la première voiture dont on peut considérer qu'il l'a complètement réalisée en propre. En 1935 naît Jaguar.
Lyons dirige son entreprise jusqu'en 1966, année où Jaguar passe sous le contrôle de BMC.
Lyons conserve alors le poste de président jusqu'en 1973, année où il se retire complètement, en conservant la présidence honoraire.
Il mourra en février 1985 à l'âge de 83 ans.

Per il Salone di Londra 1938 venne realizzato un esemplare unico di SS100 Fixed Head con carrozzeria coupé. Da questo studio prenderà ispirazione la XK, presentata nel dopoguerra.

A one-off SS100 Fixed Head with a coupé body was built for the 1938 London Motor Show. The study provided the inspiration for the XK, which was presented after the war.

Pour le Salon de Londres 1938, on devait réaliser un exemplaire unique de SS100 Fixed Head avec carrosserie coupé. C'est cette étude qui inspirera la XK, présentée dans l'après-guerre.

Il resto del motore XK non era forse altrettanto avanzato: il blocco motore, ad esempio, era in ghisa. Ma la testata era comunque d'alluminio, e il propulsore che ne risultò, oltre a essere potente, era anche bello come una scultura. Era tanto attraente da indurre Lyons a pensare che fosse un peccato racchiudere quello splendore nel fondo vano motore di una grossa berlina, vettura di chi, di solito, neppure si sogna di aprire il cofano a puri fini estetici. E poi, non era forse il mercato estero, quello che bisognava ricercare? L'estero, in quegli anni, era soprattutto rappresentato dagli Stati Uniti, l'unico mercato importante cui la guerra mondiale non aveva portato né bombardamenti né distruzioni, invasioni di eserciti nemici e miseria: per quel ricco ed entusiasta mercato era indispensabile presentare un prodotto eclatante, bello, avveniristico.

Il colpo di genio di Lyons fu proprio questo: ideare, per vestire questo motore, un'automobile diversa, con una carrozzeria di altissimo impatto estetico, del tutto differente da quella che avrebbe dovuto essere il vero prodotto "base", cioè la berlina a quattro porte. La vettura sportiva così concepita doveva essere niente più di un romantico *ballon d'essai*, un'auto da produrre in poche centinaia d'unità per un pubblico facoltoso e un po' stravagante, proprio come gli inglesi, all'epoca, vedevano gli americani.

La denominazione dei nuovi prodotti di William Lyons poneva poi, in quel difficile dopoguerra, qualche grattacapo addizionale, a partire dal nome stesso della Casa: la sigla della Swallow Sidecar (SS), era stata infatti perfettamente accettabile fino al 1939, ma poi era diventata sinonimo delle truppe d'*élite* nazista, le *Schutzstaffeln* di Himmler e Heydrich, nel dopoguerra era dunque inaccettabile. Questo primo problema venne risolto rapidamente con l'adozione del nome Jaguar, già utilizzato prima della guerra per un singolo modello. Essendo poi siglato XK il motore di una vettura capace di raggiungere comodamente le 120 miglia orarie, venne naturale pensare a Jaguar XK120, che divenne quindi il nome e cognome della nuova vettura di William Lyons (primo numero di telaio: 660001), sulla quale si accesero i riflettori di Earls Court il 27 ottobre del 1948, per l'annuale Salone dell'Automobile di Londra.

Fu un trionfo senza pari. In un mondo che, almeno in Occidente, riprendeva faticosamente a

The rest of the XK engine was not quite as advanced. The engine block, for example, was made of cast iron, but to counter that the cylinder head was made of aluminium and the resulting unit was not only powerful but also as beautiful as a sculpture. It was so attractive that Lyons thought it was a sin to shut up all that splendour at the bottom of the engine compartment of a large saloon, a car for people who would never dream of opening the bonnet for purely aesthetic reasons. And, after all, wasn't it the foreign market they were aiming at? In those years, that meant the United States, the only important market to which the world war had brought neither bombing nor destruction nor, still less, invasions by foreign armies and poverty. To the rich, enthusiastic States, you had no choice but to offer an exciting, beautiful, futuristic product.

Lyons's stroke of genius was to grasp all this. To dress the engine he designed a new car with a body whose high stylistic impact was different from that of what ought to have been the 'basic' product, the four-door saloon. This concept sports car was to prove nothing other than a romantic *ballon d'essai*, and only a few hundred units were produced for a wealthy, slightly extravagant clientele (which is how the British conceived of Americans at the time).

Naming the new products, not to mention the factory itself, was also a headache for William Lyons in those difficult post-war years. SS, the acronym of the Swallow Sidecar, had been perfectly acceptable until 1939, but then it had become synonymous with the *élite* troops of Himmler and Heydrich's *Schutzstaffeln*. It was thus patently unacceptable after the war. This first problem was swiftly solved by adopting the name Jaguar, already used before the war for a single model. Since the engine of the car, capable of a comfortable 120 miles an hour, was called the XK, it was a natural step to think in terms of the Jaguar XK120. This in fact became the name and surname of William Lyons's new car (first chassis number: 660001) which hit the spotlight at the annual London Motor Show at Earls Court on October 27 in 1948.

It had an unprecedented triumph. In a world which, at least in the West, was struggling to return to normal life in the greyness of reconstruction, the XK120 was a dazzling, almost

fixée au début à 3,2 litres, son couple apparaissait certes encore un peu faible aux bas régimes, mais une fois la course portée de 93 à 106 mm, sur des indications de Weslake, et la cylindrée arrivée à 3,4 litres, ce problème devait lui aussi être résolu. Le moteur XK était né.

Sa plus noble caractéristique était donc celle d'avoir une distribution élégante à double arbre à cames en tête, exactement comme les meilleures Bugatti et Alfa Romeo d'avant-guerre.

Le reste du moteur XK n'était peut-être pas aussi avancé : le bloc moteur, par exemple, était en fonte. Mais la culasse était quand même en aluminium, et le moteur qui en sortait, en plus de la puissance qu'il développait, avait aussi la beauté d'une sculpture. Il était si attractif qu'il devait induire Lyons à penser qu'il aurait été dommage d'enfermer cette splendeur au fond du compartiment moteur d'une grosse berline, voiture de personnes qui, habituellement, ne pensent même pas à ouvrir le capot à seule fin esthétique. Et ensuite, n'était-ce pas peut-être le marché étranger, celui qu'il fallait rechercher ? L'étranger, au cours de ces années-là, c'était surtout les Etats-Unis, le seul marché important qui n'avait souffert ni des bombardements ni des destructions, ni de l'invasion d'armés ennemies et des misères amenées par la Deuxième Guerre Mondiale. Pour ce marché riche et passionné, il était indispensable de présenter un produit éclatant, beau, d'anticipation.

Le coup de génie de Lyons devait justement être cela : concevoir, pour habiller ce moteur, une voiture différente, avec une carrosserie qui ait un très fort impact esthétique, tout à fait différente de celle qu'aurait dû être le véritable produit de base, c'est-à-dire la berline à quatre portes. La voiture de sport ainsi conçue ne devait être rien de plus qu'un romantique " ballon d'essai ", une voiture à produire à quelques centaines d'unités pour un public qui en avait les moyens et qui était un peu extravagant, justement comme les Anglais, à l'époque, voyaient les Américains.

La dénomination des nouveaux produits de William Lyons posait ensuite, dans cet après-guerre difficile, plusieurs problèmes supplémentaires, à commencer par le nom même de la firme : le sigle de Swallow Sidecar, (SS), avait été en effet parfaitement acceptable jusqu'en 1939, mais il était devenu ensuite synonyme des troupes d'élite nazie, les *Schutzstaffeln* d'Him-

Due viste del motore "XK" a 6 cilindri in linea, nato nel 1948 con una cilindrata di 3.4 litri e arrivato fino ai giorni nostri, attraverso numerose tappe di evoluzione e aggiornamento. Il 6 cilindri in linea lascia spazio oggi ai moderni propulsori V8.

Two views of the 6-cylinder in line 'XK' engine. Born in 1948 with a cylinder capacity of 3.4 litres, it has survived to this day through many evolutions and updates. The 6-cylinder in line unit has now given way to the modern V-8 engines.

Deux vues du moteur " XK " à 6 cylindres en ligne, né en 1948 avec une cylindrée de 3.4 litres et arrivé jusqu'à nos jours, au travers de nombreuses phases d'évolution et de mise à jour. Le 6 cylindres en ligne laisse aujourd'hui la place aux modernes propulseurs V8.

vivere ma subiva appieno il grigiore della ricostruzione, la XK120 era un lampo fiammante, quasi oltraggioso. Persino le primissime Ferrari e Porsche, a essa più o meno contemporanee, furono messe in ombra dalla linea clamorosa, sfrontata della nuova Jaguar.

Come Ferruccio Lamborghini molti anni più tardi, anche William Lyons pensava che la stravaganza della sua avveniristica vettura fosse destinata a limitarne le vendite a poche decine di unità, fatte per pubblicizzare un marchio giovane più che per sostenerlo, attraendo visitatori allo stand dove si cercava invece di vendere soprattutto la sobria berlina Mark V (con motore anteguerra, ad aste e bilanceri). Come la Miura, invece, la 120 suscitò un entusiasmo senza pari, una specie di follia collettiva dell'acquisto a ogni costo. Le prime vetture, 244 unità con carrozzeria in alluminio, andarono a ruba. Si dovette

blinding light. Even the very first Ferraris and Porsches, which were more or less its contemporaries, were overshadowed by the sensational, confident line of the new Jaguar.

Like Ferruccio Lamborghini many years later, William Lyons thought that the extravagance of this futuristic car was bound to limit its sales to a few dozen units. Made to publicise a young label more than to support it, it attracted visitors to a stand where they were really trying to sell the sober Mark V saloon (with a pre-war rod and balancer shaft engine). Like the Miura, the 120 sparked unprecedented enthusiasm. In a sort of collective mania, people seemed prepared to buy at any price. The first cars, 244 units with aluminium bodies, were sold like hotcakes. A more 'normal' standard car with steel panels thus had to be prepared; surprisingly, it weighed the same as the one made of alumini-

mler et d'Heydrich, il était donc tout à fait inacceptable dans l'après-guerre. Ce premier problème devait être rapidement résolu avec l'adoption de Jaguar comme nom, qui avait été déjà utilisé avant la guerre pour un seul modèle. Le moteur d'une voiture capable d'arriver facilement à 120 milles à l'heure, portant le sigle XK, devait faire tout naturellement penser à Jaguar XK120, qui devait donc devenir le nom et le prénom de la nouvelle voiture de William Lyons (premier numéro de châssis : 660001), qui devait être la cible des projecteurs d'Earls Court le 27 octobre 1948, pour le Salon de l'Automobile annuel de Londres.

Ce fut un triomphe sans précédent. Dans un monde qui, au moins en Occident, recommençait difficilement à vivre mais subissait de plein fouet la rigueur des difficultés de la reconstruction, la XK120 était un éclair de lumière, presque outrageant. La ligne spectaculaire et effrontée de la

La XK8 in versione coupé con le tre antenate della generazione "XK" omologhe: da sinistra la 150 (1957), la 140 (1954) e la 120 (1951).

The coupé version of the XK8 with the three homologous ancestors of the 'XK' generation: from left to right, the 150 (1957), the 140 (1954) and the 120 (1951).

La XK8 en version coupé avec les trois ancêtres de la génération " XK " homologues : de gauche à droite la 150 (1957), la 140 (1954) et la 120 (1951).

quindi preparare in fretta una produzione davvero di serie, una versione più "normale", con pannelli in acciaio, che risultò sorprendentemente dello stesso peso di quella in alluminio con la relativa armatura di supporto in legno.

La bellezza della sua linea era tale che, nonostante una base meccanica "fredda" non certo ancora all'altezza del motore (il telaio era quello della Mark V accorciato di 46 centimetri e lo sterzo era ancora un Burman-Douglas a circolazione di sfere), la 120 divenne subito il simbolo di un'auto che non era più collegata agli anni precedenti alla guerra, non era, insomma, il trito *repêchage* di un vecchio progetto, come i fabbricanti francesi tentavano faticosamente di fare. La nuova Jaguar era il futuro, o perlomeno il "nuovo" e, come tale, l'obbligatorio oggetto del desiderio di quel momento, con tutto il fascino di quella semplice e leggera versione scoperta (Open-Two-Seater), offerta in vendita al prezzo indubbiamente interessante di 998 sterline al netto della tassa d'acquisto, che era del 26,5%. Da notare che tale prezzo rappresentava uno sforzo notevolissimo per la Casa, ma d'altra parte questo contenimento dei costi permetteva di stare all'interno di quelle mille sterline che segnava il limite di quella tariffa fiscale: oltre questa soglia, la tassa schizzava a oltre il 60%.

La storia sportiva delle XK, probabilmente non preventivata da Lyons, decollò immediatamente, e c'è da scommettere che uno dei fattori fondamentali per questo utilizzo, all'inizio, fu la bellezza aggressiva della sua linea. La 120 era una di quelle macchine che, come direbbero gli americani, sembra andare a cento miglia all'ora anche quando è parcheggiata. Ian Appleyard, futuro marito della figlia di Lyons, dimostrò però ben presto, con la sua famosa NUB 120, che la forte coppia del nuovo 6 cilindri si sposava perfettamente con gare caratterizzate da tracciati montani. Una XK120 di serie, nell'agosto del 1952, si produsse in un *exploit* sensazionale: sette giorni e sette notti ininterrotte di corsa, 16.851 miglia percorse a oltre 100 miglia all'ora di media sull'ovale dell'autodromo parigino di Montlhéry; in un'ora questa vettura percorse addirittura 131 miglia. In un'epoca nella quale le auto di serie avevano ancora problemi di affidabilità di livello prebellico, questo era un traguardo straordinario.

Sui circuiti, la bellezza della 120 non poteva

um, complete with wood support frame.

Thanks to the beauty of the line and despite its 'cold' mechanical base, that had yet to achieve the calibre of the engine (the chassis was that of the Mark V shortened by 46 centimetres and the steering was again a Burman-Douglas ball circulation unit), the 120 immediately became the symbol of a car that was no longer associated with the pre-war years. It was not, that is, a trite *repêchage* of a hackneyed design like some of the efforts of French manufacturers. The new Jaguar stood for the future, or at least for the 'new'. As such, it was a must, the object of desire of the moment. It offered all the fascination of the simple lightweight Open-Two-Seater at the unquestionably reasonable price of 998 pounds net of purchase tax, then 26.5%. Selling at this price demanded no small effort, but it was worth it since by cost cutting the company managed to stay under the 1,000 pound fiscal tariff ceiling, over which purchase tax shot up to over 60%.

Lyons probably didn't expect the XK to have a sporting career. But it did. It began to enter competitions almost immediately. One of the reasons for the decision was most likely the aggressive beauty of its line. The 120 was one of those cars which, as the Americans would say, seemed to be doing a hundred miles an hour even when it was standing still. With his famous NUB 120, Ian Appleyard, the future husband of Lyons's daughter, soon showed that the high torque of the new 6-cylinder model was perfect for mountain racing. In August 1952 a standard XK120 pulled off a sensational exploit: seven days and seven nights of non-stop racing, 16,851 miles at an average speed of over 100 miles an hour round the oval circuit of the Montlhéry autodrome in Paris. In one hour the car clocked up as many as 131 miles. In an age in which standard cars still suffered from the same problems of reliability as before the war, it was an extraordinary achievement.

On racing circuits the beauty of the 120 failed, however, to hide the car's relatively unaerodynamic line. Lyons, however, grasped the importance of racing, and from the standard model a competition version was developed which soon became a legend: the C-type with a special high-performance cylinder head for the XK engine and a lovely curvilinear body hand-

nouvelle Jaguar devait même faire de l'ombre aux toutes premières Ferrari et Porsche qui lui étaient plus ou moins contemporaines.

Comme Ferruccio Lamborghini beaucoup d'années plus tard, William Lyons lui aussi pensait que l'extravagance de sa voiture d'anticipation en aurait limité les ventes à quelques dizaines d'unités, construites plus dans un but publicitaire pour une marque jeune que pour alimenter ce dernier, en attirant des visiteurs au stand où on s'efforçait, là, de vendre surtout la sobre berline Mark V (avec moteur d'avant-guerre, à tiges et culbuteurs). Tout comme la Miura, au contraire, la 120 devait susciter un enthousiasme sans précédent, une espèce de folie collective de l'acquisition à tout prix; Les premières voitures, 244 unités avec carrosserie en aluminium, s'arrachèrent. On dut donc préparer à toute vitesse une véritable production de série, une version plus normale, avec des tôles d'acier, qui surprit en ayant le même poids que la version en aluminium avec son armature de renfort en bois.

La beauté de ses lignes était telle que, malgré la " froideur " d'une base mécanique qui n'était certainement pas encore à la hauteur du moteur (le châssis était celui de la Mark V raccourci de 46 centimètres et la direction était encore une Burman-Douglas à roulement à billes), la 120 devait tout de suite devenir le symbole d'une voiture qui n'était plus rattachée aux années précédant la guerre ; elle n'était pas, en somme, le banal repêchage d'un vieux projet, tâche à laquelle les constructeurs français s'étaient attelés. La nouvelle Jaguar était l'avenir, au moins le nouveau, et comme tel, l'objet obligatoire du désir de cette époque, avec tout le charme de cette simple et légère version découverte (Open-Two-Seater), mise en vente au prix indubitablement intéressant de 998 livres sterling sans les taxes d'acquisition, qui étaient de 26,5%. Il faut remarquer que ce prix représentait un effort très important pour la firme, mais que d'un autre côté cette réduction des coûts permettait de rester en deçà des 1000 livres qui marquaient la limite de cette catégorie fiscale : au-delà de ce seuil, l'impôt passait à plus de 60%.

L'histoire sportive des XK, que Lyons n'avait probablement pas prévue, devait immédiatement décoller, et il est à parier qu'un des facteurs fondamentaux de cette utilisation, au début, fut la beauté agressive de sa ligne. La 120 était une

però nascondere la scarsa aerodinamicità di questa linea. Lyons sapeva che le competizioni sono importanti, e dal modello di serie venne quindi sviluppata una versione da competizione che divenne ben presto leggendaria: la C-Type, sul cui motore venne adottata una speciale testata ad alte prestazioni per il motore XK e una bellissima carrozzeria curvilinea battuta a mano in leggero alluminio, snella e formosa assieme come solo le migliori Jaguar sanno essere. La C-Type vinse la prima 24 Ore di Le Mans per la Jaguar nel 1951, inaugurando una trionfale lista di cinque vittorie della Casa nella classica Vingt-quatre Heures (le altre furono nel 1953, 1955, 1956 e 1957, le ultime tre con il modello D-Type).

L'uscita della C-Type divise per la prima volta in maniera netta le Jaguar normali da quelle da competizione. La 120 era nata in maniera molto rapida, un'automobile figlia di un guizzo fulmineo di illuminata creatività. La previsione di modestissimi orizzonti commerciali contribuì a far sì che i suoi ideatori ne potessero sdrammatizzare la messa in produzione, che avvenne senza che si tentasse di rendere troppo ragionevole questo lampo di genio e sregolatezza. Se questo dette freschezza e scatto sportivo alla 120, però divenne un suo limite quando si trattò di ampliare la clientela verso utenti più "tranquilli". E siccome Lyons questi clienti voleva accontentarli, arrivò, nel 1951, la versione coupé della 120, di grazia quasi bugattiana, e poi, nel 1953, una vera e propria cabriolet a capote ripiegabile.

Il 15 ottobre del 1954, sempre in occasione del Salone di Londra, venne presentata la XK140. Più rifinita della 120, con tre stili di carrozzeria, coupé, cabriolet, roadster, essa montava di serie il motore XK 3.4 litri con 190 cavalli, oppure, a richiesta, una versione potenziata a 210 cavalli grazie all'adozione dell'ormai celebre testata C-Type. Lo sterzo divenne finalmente a cremagliera, ma l'impianto generale della vettura, le cui versioni cabriolet e coupé acquisirono due piccoli sedili posteriori, divenne anche più confortevole, realizzandosi così una più netta differenziazione dai modelli veramente sportivi.

Questo si apprezzò in maniera particolare alla presentazione, nel 1954, dell'erede della C-Type, la D-Type. Con la sua linea estremamente personale, una potenza di circa 250 cavalli, un telaio assai sofisticato e freni a disco Dunlop, la D-Type diventò l'auto da battere a metà degli an-

wrought in lightweight aluminium, at once slender and shapely as only the very best Jaguars can be. The C-Type won the first Le Mans 24 Hours for Jaguar in 1951, inaugurating a triumphal sequence of five victories in the classic Vingt-quatre Heures (the others came in 1953, 1955, 1956 and 1957, the last three with the D-Type model).

The appearance of the C-Type drew the distinction between normal and competition Jaguars for the first time. The 120 had been born virtually overnight in a lightning flash of creativity. Since the car wasn't expected to sell a lot, its designers were able to play down the production side of things and thus make this spark of genius and flair materialise without rendering it too sensible. If this gave freshness and sporty sprint to the 120, it was also a limit when it came to broadening sales to take in 'quieter' users. Since Lyons wanted to satisfy this type of customer too, 1951 saw the arrival of the coupé version of the elegant, almost Bugatti-like 120, while in 1953 a fully fledged convertible cabriolet appeared on the scene.

On October 15, 1954 again at the London Motor Show, the XK140 was premiered. More refined than the 120 with three body styles – coupé, cabriolet and roadster – it fitted a 3.4 litre 190 bhp XK engine as standard with an upgraded 210 bhp equipped with the now celebrated C-Type cylinder head available on request. The steering was rack and pinion at last and the general layout of the car, whose cabriolet and coupé versions came with two small rear seats, was even more comfortable, thus breaking away from the out-and-out sports models.

This much became clear at the presentation of the heir to the C-type, the D-Type, in 1954.

de ces voitures qui, comme diraient les Américains, semblait aller à cent milles à l'heure même quand elle était garée. Ian Appleyard, futur mari de la fille de Lyons, devait révéler toutefois bien vite, avec sa fameuse NUB 120, que le couple important du nouveau 6 cylindres se mariait parfaitement avec les courses caractérisées par des tracés montagneux. Une XK120 de série, au mois d'août 1952, se produisit dans un exploit sensationnel : sept jours et sept nuits ininterrompus de course, 16 851 miles parcourus à plus de cent milles à l'heure de moyenne sur l'ovale de l'autodrome parisien de Montlhéry ; en une seule heure cette voiture devait parcourir même 131 milles. A une époque où les voitures de série avaient encore des problèmes de fiabilité d'un niveau d'avant-guerre, c'était un exploit extraordinaire.

Sur les circuits, la beauté de la 120 ne pouvait toutefois pas dissimuler la faiblesse aérodynamique de sa ligne. Lyons avait conscience de l'importance des compétitions, et une version conçue tout exprès pour elles fut donc développée à partir du modèle de série, qui devait bien vite devenir légendaire : la C-Type, sur le moteur de laquelle on devait adopter une culasse spéciale à hautes performances pour le moteur XK et une très belle carrosserie curviligne frappée à la main dans un aluminium léger, svelte et aux formes pleines comme seules les meilleures Jaguar savent l'être. La C-Type devait remporter les premières 24 Heures du Mans pour Jaguar en 1951, en inaugurant une série triomphale de cinq victoires de la firme dans la course classique des Vingt-quatre Heures (les autres furent remportées en 1953, 1955, 1956 et 1957, les trois dernières avec le modèle D-Type).

La sortie de la C-Type devait distinguer pour la première fois de manière nette les Jaguar normales de celles de compétition. La 120 était née de manière très rapide, une automobile qui était l'enfant d'un coup de génie d'éclairs de créativité. La prévision des horizons commerciaux, quoique très modestes, devait contribuer à ce que ses concepteurs en puissent dédramatiser la mise en production, qui eut lieu sans que l'on essaie de rendre trop raisonnable cet éclair de génie et de folie. Si cela devait donner une grande fraîcheur et un élan sportif remarquable à la 120, ce devait cependant aussi constituer sa limite quand il s'agit d'élargir la clientèle pour intégrer

La XK8 in versione cabriolet con le antenate omologhe della produzione Jaguar. Da sinistra la SS100 (1935), XK 120 (1951), E-Type (1961), XJS (1991). Pagina a fianco. La C-Type, derivazione sportiva della XK, vinse due edizioni della prestigiosa 24 Ore di Le Mans, nel '51 e nel '53.

The cabriolet version of the XK8 with the homologous ancestors of the Jaguar production: from left to right, the SS100 (1935), the XK 120 (1951), the E-Type (1961) and the XJS (1991). Opposite, the C-Type, a sports derivation of the XK, which won the prestigious Le Mans 24 Hours twice in '51 and '53.

La XK8 en version cabriolet avec ses ancêtres homologues de la production Jaguar. De gauche à droite : la SS100 (1935), la XK 120 (1951), la E-Type (1961), la XJS (1991). Page ci-contre. La C-Type, dérivation sportive de la XK, devait remporter deux éditions des prestigieuses 24 Heures du Mans, en '51 et en '53.

Lo stile inconfondibile della "XK" coupé, qui in versione 140. La 140 Drophead differiva dall'altra versione aperta, la roadster (sotto), per l'abitacolo 2+2 e per un allestimento più completo.

The unmistakable style of the 'XK' coupé, here in the 140 version. The 140 Drophead differed from the other open version, the roadster (below), due to its 2+2 cabin and completer trim.

Le style inimitable de la " XK " coupé, ici en version 140. La 140 Drophead différait de l'autre version ouverte, la roadster (ci-dessous), par son habitacle 2+2 et par un équipement plus complet.

ni Cinquanta, quando la battaglia era contro i poderosi squadroni Ferrari, Maserati, Mercedes, con OSCA e Porsche a fare da timidi comprimari.

La 140 era una bellissima automobile, ma l'Europa stava gradualmente risorgendo, e le grandi Case concorrenti, alcune del tutto nuove come Ferrari, altre già leggendarie prima della guerra come Maserati o Mercedes, stavano mettendo sul mercato prodotti sempre più aggressivi. La XK150, uscita nel 1957, fu il prodotto fatto per contrastare queste nuove e agguerrite concorrenti con il motore 3.4 litri in versione solo marginalmente aggiornata e con una carrozzeria leggermente modificata: furono introdotti notevoli miglioramenti all'impianto frenante (la 150 fu la prima vettura al mondo ad avere freni a disco sulle quattro ruote) e al comfort di bordo. Il parabrezza curvo e avvolgente ne era la caratteristica estetica più rilevante in confronto alla 140, assieme alla calandra allargata.

Il primo motore offerto sulla 150 fu il 3.4 litri da 190 o 210 cavalli, cui si affiancò, nel 1958, la versione S con testata speciale e ben 250 cavalli. Nel 1959 venne proposto, come opzione, il motore 3.8 litri della contemporanea Mk IX, con potenze variabili fra 210, 220 e addirittura 265 cavalli, potenza quest'ultima ricavabile dallo speciale 3.8 S.

La potenza del motore XK stradale era, con gli anni, cresciuta quindi moltissimo, da 160 a 265 cavalli, ma la robustezza e l'affidabilità erano rimasti ottimi, assieme alla caratteristica linearità dell'erogazione della coppia, ed era stato usato

des utilisateurs plus tranquilles. Et comme Lyons voulait contenter cette clientèle-là, l'on devait voir arriver, en 1951, la version coupé de la 120, à la grâce digne de Bugatti, puis, en 1953, un véritable cabriolet à capote repliable.

Le 15 octobre 1954, toujours à l'occasion du Salon de Londres, on devait assister à la présentation de la XK140. Ayant une finition plus poussée que la 120, avec trois styles de carrosserie, coupé, cabriolet, roadster, elle était équipée en série du moteur XK de 3,4 litres développant 190 chevaux, ou bien, sur demande, d'une version renforcée à 210 chevaux grâce à l'adoption de la désormais célèbre culasse C-Type. La direction devait finalement être à crémaillère, mais l'organisation générale de la voiture, dont les versions cabriolet et coupé devaient acquérir deux petits sièges à l'arrière, devint aussi plus confortable, en réalisant ainsi une différenciation plus nette avec les modèles véritablement sportifs.

Ceci devait être particulièrement apprécié lors de la présentation, en 1954, de l'héritière de la C-Type, la D-Type. Avec sa ligne extrêmement personnelle, une puissance d'environ 250 chevaux, un châssis assez sophistiqué et des freins à

L'XK150 in versione Drophead, ebbe un grande successo soprattutto sul mercato americano.

The XK150 in the Drophead version. The car enjoyed a great success especially on the American market.

La XK150 en version Drophead devait connaître un grand succès surtout sur le marché américain.

per applicazioni che andavano dalla motonautica alle autoblindo leggere, sempre con eccellenti risultati, anche se l'impiego di maggior rilievo rimaneva quello sulle grandi berline Mk II, 3.8, S, Mk IX-Mk X, 420G, e sulle sportive della Casa, oltre che per le straordinarie D-Type da competizione che duellarono a lungo con le migliori Ferrari e Mercedes per i Campionati del Mondo Marche dal 1954 al 1957.

La storia delle Jaguar da corsa è, in tutti questi anni, anche la storia del motore XK e poco per volta alcune delle modifiche delle auto da corsa trovarono espressione anche nei modelli stradali. Di queste Jaguar speciali, la più famosa e suggestiva rimane la XK-SS, stretta derivazione della D-Type ottenuta, in pratica, con l'amputazione della grande "pinna" posteriore di quella famosa auto. Con prestazioni eccezionali, pari a quelle della D-Type, la XK-SS era un'auto anche straordinariamente costosa e rara. Alcune unità di questa piccola serie di 18 esemplari vennero distrutte dal catastrofico incendio della fabbrica (12 febbraio 1957), che ne segnalò anche la fine della produzione. Le SS sopravvissute sono diventate oggetti di culto, costose e ricercate quanto una Ferrari "Bergman".

Alla fine degli anni Cinquanta, il fascino della serie XK iniziò a declinare, una serie di concorrenti di alto livello provenienti dall'Italia e dalla Germania, per non parlare delle Aston Martin e delle migliori americane (Corvette) rendevano la vita difficile alla Jaguar, la cui linea era ormai troppo datata, e che aveva caratteristiche

With its extremely personal line, a power output of about 250 bhp, a sophisticated chassis and Dunlop disc brakes, the D-Type became the car to beat in the mid-fifties, when the powerful Ferrari, Maserati and Mercedes teams ruled the roost and OSCA and Porsche played a shy supporting role.

The 140 was a truly handsome car, but as Europe gradually recovered, major competitors, some of whom totally new like Ferrari, others already legends before the war like Maserati and Mercedes, were filling the market with increasingly aggressive models. The XK150, which appeared in 1957, was built to fight these ferocious new competitors with an only slightly modified 3.4 litre engine and chassis. New improvements were made on the braking system (the 150 was the first car in the world to have disc brakes on four wheels) and on-board comfort. The curving wraparound windshield and the broader radiator cowlings were the most stylish innovations with respect to the 140.

The first engine offered on the 150 was the 3.4 litre, 190-210 bhp unit, which was joined in 1958 by the S version with a special cylinder head and a power delivery of no less than 250 bhp. In 1959 the 3.8 litre engine from the contemporary Mk IX was offered as an option; its power deliveries varied from 210 to 220 to 265 bhp, obtainable with the special 3.8 S.

The power of the road XK engine had increased a great deal over the years from 160 to 265 bhp, but its robustness and reliability had

disque Dunlop, la D-Type devint la voiture à battre vers la moitié des années cinquante, époque où la bataille se disputait contre les puissants escadrons Ferrari, Maserati, Mercedes, avec OSCA et Porsche à donner de timides répliques.

La 140 était une très belle automobile, mais l'Europe se relevait graduellement, et les grandes firmes concurrentes, certaines tout à fait nouvelles comme Ferrari, d'autres déjà légendaires avant la guerre comme Maserati ou Mercedes, s'apprêtaient à introduire sur le marché des produits de plus en plus agressifs. La XK150, sortie en 1957, fut le produit construit pour contrecarrer ses concurrentes nouvelles et aguerries avec le moteur 3,4 litres en version seulement marginalement actualisée et avec une carrosserie légèrement modifiée : le système de freinage fut remarquablement amélioré (la 150 devait être la première voiture au monde à avoir des freins à disque sur les quatre roues) ainsi que le confort de bord. Le pare-brise recourbé et enveloppant en était la caractéristique esthétique la plus marquante en la comparant avec la 140, avec l'élargissement de sa calandre.

Le premier moteur offert sur la 150 devait être le 3,4 litres de 190 ou 210 chevaux, qui devait voir arriver à ses côtés, en 1958, la version S dotée d'une culasse spéciale et de pas moins de 250 ch. En 1959, le moteur 3,8 litres de la Mk IX contemporaine fut proposée en option, avec des puissances allant de 210 à 220 et même 265 chevaux, cette dernière puissance ne pouvant être obtenue qu'avec le spéciale 3,8 S.

La puissance du moteur routier XK avait, avec les années, donc beaucoup augmenté, de 160 à 265 chevaux, mais sa robustesse et sa fiabilité étaient restées excellentes, tout comme la linéarité caractéristique du développement du couple. Il avait même été utilisé pour des applications allant des moteurs nautiques aux blindés légers, toujours avec d'excellents résultats, bien que l'utilisation la plus importante en restât toujours la motorisation des grandes berlines Mk II, 3.8, S, Mk IX-Mk X, 420G, et des voitures de sport de la firme, en plus des extraordinaires D-Type de compétition qui devaient se battre longuement avec les meilleures Ferrari et les meilleures Mercedes pour les Championnats du Monde des Marques de 1954 à 1957.

L'histoire des Jaguar de course est, dans toutes ces années-là, aussi celle du moteur XK,

Da questa vista frontale di tre quarti si evidenzia la stretta parentela formale che esiste tra la XK8 e la E-Type che, non tutti lo ricordano, era identificata internamente dalla Jaguar come "XKE".

This three-quarters head-on view highlights the close formal relationship between the XK8 and the E-Type which – as not everyone remembers – was identified internally by Jaguar as the 'XKE'.

On voit bien sur cette vue frontale de trois quarts la parenté étroite formelle qui existe entre la XK8 et la E-Type qui, comme certains l'ont oublié, était identifiée chez Jaguar comme " XKE ".

tecniche parimenti troppo convenzionali.

Quello che non era assolutamente superato, naturalmente, era il motore XK, ricco di qualità in questa eccellente versione 3.8 litri e universalmente apprezzato, tanto da motorizzare con eccellenti risultati anche il resto della gamma Jaguar con la massima soddisfazione di tutti gli utenti. L'immagine sportiva della Jaguar rimaneva molto forte, ma la 150 era ormai un po' troppo datata: in un mondo che ricercava la novità, e che sempre più spesso si rivolgeva a Case concorrenti per averla, il 6 cilindri di Coventry meritava un grande rilancio su un modello veramente nuovo.

Questo arrivò, quasi come un fulmine, il 15 marzo del 1961. Al Salone dell'Automobile di Ginevra di quell'anno, infatti, la Casa presentò la E-Type, anche detta XKE, degna erede della dinastia. Bellissima, potente, veloce, sofisticata (la costruzione mista del suo telaio, una monoscocca con culla del motore e avantreno in tubi) e con un prezzo concorrenziale secondo la migliore tradizione della Casa, la E-Type divenne subito un "caso" internazionale. La sua velocità massima ufficiale, di oltre 250 chilometri orari, era straordinaria per l'epoca: solo alcune Ferrari e Maserati potevano fare altrettanto, ma al doppio del suo prezzo. La E-Type, in più, offriva una carrozzeria straordinariamente "sexy", il che, per il grande pubblico, era infinitamente più importante di tutte le raffinatezze tecniche di cui si componeva: sia in versione roadster che coupé, quest'ultima graziata dal più bel portellone posteriore della storia, la E-Type era un vero capolavoro, una scultura.

Il successo della nuova XKE fu immediato, mondiale e travolgente. Nonostante una serie di problemi iniziali di non piccola entità (l'impianto frenante, ad esempio, rimase a lungo sospetto), la E-Type conquistò immediatamente la mente e il portafogli di migliaia di clienti. Le prime piccole modifiche, che differenziarono il celebre primo *flat floor* dalle edizioni successive, nulla tolsero a un progetto sensazionale, cui il 3.8 litri XK, dopo 13 anni di vita, dava una credibilità totale.

Ci volle tutta la buona volontà di un pugno di dirigenti, tipici dell'industria automobilistica inglese dell'epoca, per riuscire a rovinare la carriera della E-Type. A pensarci ora, sembra proprio che essi abbiano messo il loro più grande impe-

remained excellent, as had the characteristic linearity of the torque delivery. The unit had been used with excellent results for all sorts of applications, from motorboats to light armoured cars, but its main application was in the large Mk II., 3.8, S, Mk IX-Mk X and 420G saloons, in the company's sports cars and in the outstanding competition D-Types which battled it out for the Marques World Championships with the finest Ferraris and Mercedes from 1954 to 1957.

Throughout those years, the history of competition Jaguars was the history of the XK engine. Alterations to the racing cars were reflected in road versions. The most famous and impressive of these Jaguars was the XK-SS, a close derivation of the D-Type which was achieved, basically, by amputating the famous car's large rear 'fin'. With performance levels on a par with those of the D-Type, the XK-SS was an extraordinarily rare and expensive car. Some of the units in the limited range of 18 were destroyed by the catastrophic fire which burned down the factory on February 12, 1957 and brought production to an end. The surviving SSs became cult objects, as expensive and sought after as the Ferrari 'Bergman'.

In the late fifties, the appeal of the XK series began to wane. A bunch of top-flight Italian and German competitors, not to mention the Aston Martin and the American cars (the Corvettes, for example) were beginning to make life difficult for Jaguar, whose line was now excessively dated and technicals over-conventional.

The one feature that was not dated was of course the XK engine. The 3.8 litre version was even better than ever and earned universal appreciation. It was fitted with excellent results throughout the Jaguar range, much to the satisfaction of customers. Jaguar still maintained a strong sporty image, but the 150 was now over the hill. In a world on the lookout for novelty, a world that was turning more and more to Jaguar's competitors to find it, the Coventry 6-cylinder powerpack deserved a major relaunch on a brand-new model.

The latter arrived out of the blue on March 15, 1961. At that year's Geneva Motor Show, Jaguar presented the E-Type, also known as the XKE, a worthy heir to the dynasty. Gorgeous to

et très progressivement plusieurs des modifications des voitures de course devaient s'exprimer aussi dans les modèles routiers. La plus célèbre et la plus évocatrice de ces Jaguar spéciales est la XK-SS, directement dérivée de la D-Type, obtenue avec l'amputation de la grande nageoire arrière de cette fameuse automobile. Offrant des performances d'exception, du niveau de celles de la D-Type, la XK-SS était aussi une voiture extraordinairement coûteuse et rare ; plusieurs unités de cette petite série de 18 exemplaires devaient être détruites par l'incendie catastrophique de l'usine (12 février 1957), qui devait en marquer aussi la fin de la production. Les SS qui ont survécu sont devenues l'objet d'un culte, elles sont aussi coûteuses et recherchées qu'une Ferrari " Bergman ".

A la fin des années cinquante, le charme de la série XK devait commencer à décliner ; une série de concurrentes de haut niveau provenant de l'Italie et de l'Allemagne, pour ne pas parler des Aston Martin ainsi que des meilleures américaines (Corvette) rendaient la vie difficile à Jaguar, dont la ligne datait, et qui avait des caractéristiques techniques également trop conventionnelles.

Ce qui n'était naturellement pas du tout dépassé, c'était le moteur XK, dont les qualités dans cette excellente version 3,8 litres étaient universellement appréciées, au point d'équiper avec d'excellents résultats le reste de la gamme Jaguar à la plus grande satisfaction de tous les utilisateurs. L'image sportive de Jaguar restait forte, mais la 150 était désormais dépassée : dans un monde à la recherche de la nouveauté, qui s'adressait toujours plus souvent à des firmes concurrentes pour l'avoir, le 6 cylindres de Coventry méritait une deuxième chance sur un modèle vraiment nouveau.

Ceci arriva, presque comme un coup de tonnerre, le 15 mars 1961. Au Salon de l'Automobile de Genève de cette année-là, en effet, la firme devait présenter la E-Type, appelée aussi XKE, digne héritière de la dynastie. Très belle, puissante, rapide, sophistiquée (la construction mixte de son châssis, une monocoque avec berceau du moteur et train avant en tubes), avec un prix concurrentiel suivant la meilleure tradition de la firme, la E-Type devait tout de suite constituer un " cas " international. Sa vitesse de pointe officielle, qui dépassait 250 kilomètres à l'heure,

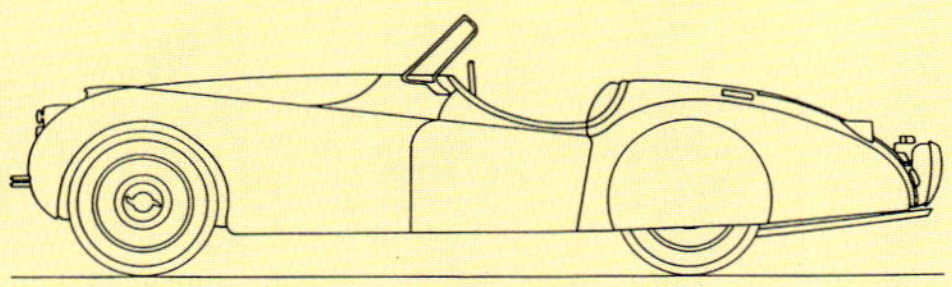

XK 120 Open Two Seater

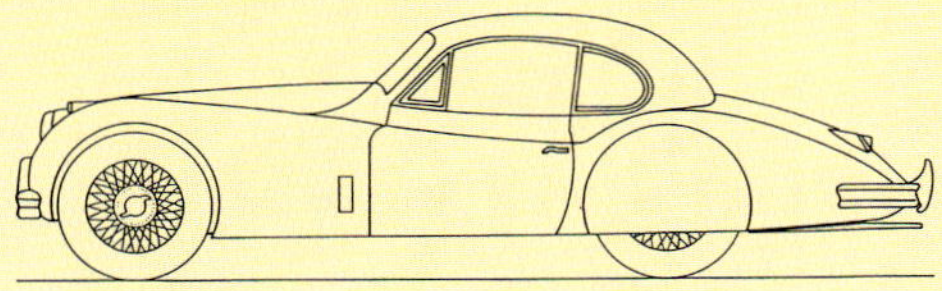

XK 140 Coupé

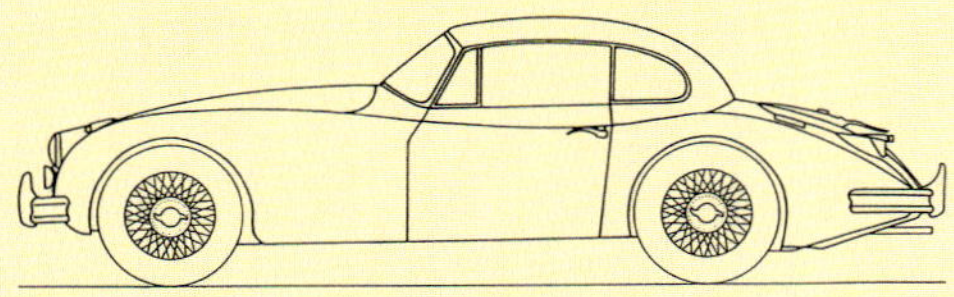

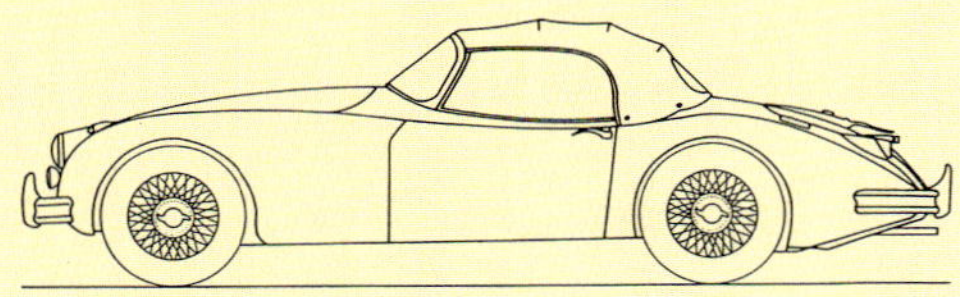

XK 150 Open Two Seater

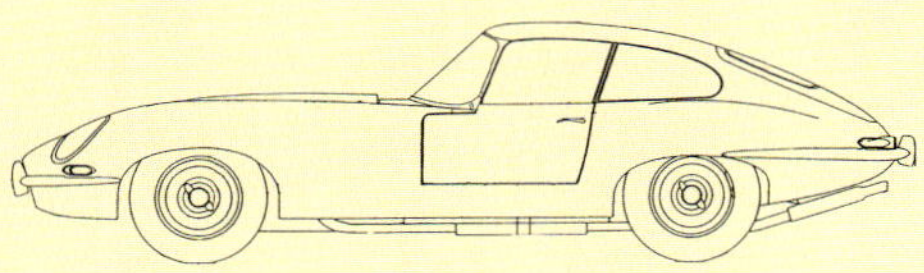

E- Type Coupé

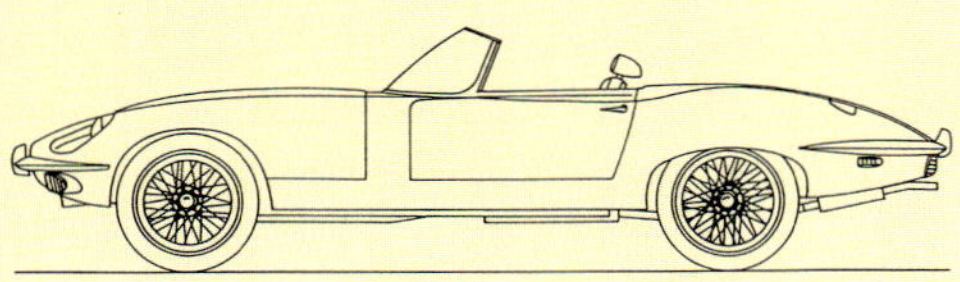

E- Type Convertible

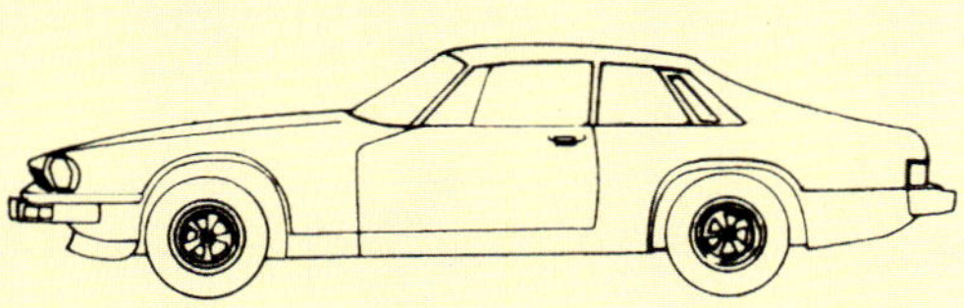

XJ-S

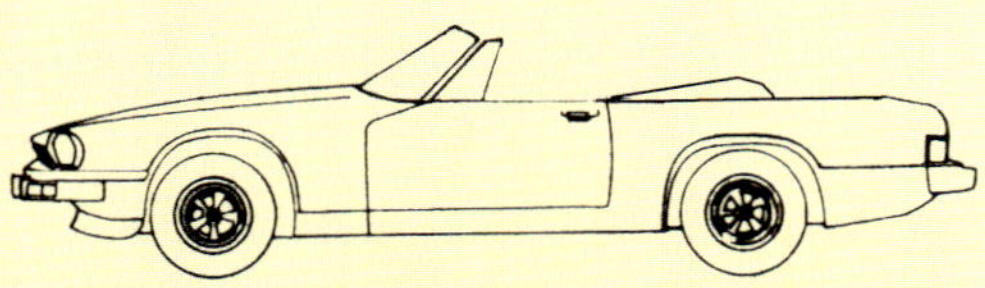

XJ-S Convertible

look at, powerful, fast and sophisticated (with a mixed chassis, a monocoque with a tubular engine housing and forecarriage), true to the company tradition, the car was also competitively priced. The E-Type hit the international headlines overnight. Its official top speed of over 250 km/h was incredible for the time; only a handful of Ferraris and Maseratis could match it, but at double the price. Moreover, the E-Type had a deliciously 'sexy' body, a fact that, for the general public, was infinitely more important than all the technical refinements it enclosed. The E-type came in roadster and coupé versions, the latter graced by the loveliest tailgate in car design history. This 'sculpture' of a car was a veritable masterpiece.

The new XKE enjoyed resounding immediate success all over the world. Despite a rash of by no means negligible teething troubles (the braking system, for example, remained dodgy for a long time), the E-type won over the imagination and the wallets of thousands of customers. The first small alterations to differentiate the celebrated 'flat floor' from subsequent versions, detracted nothing from the sensational design to which the 3.8 litre XK, now 13 years old, ensured total credibility.

It took the efforts of a bunch of inept managers, who sadly reflected the general level of the British motoring industry in that period, to ruin the car's career. On hindsight, it almost looks as though they went out of their way to destroy this beautiful, charismatic car as part of a general plan – also envisaging the liquidation of all small MG and Triumph sports cars, the shutdown of Riley and Wolseley, the creation of the TR7, the Allegro, the Morris Marina, the Rover SD1 and other similar follies – whose ultimate aim was the suicide of the British car industry. The E-Type was upgraded to 4.2 litres in 1964, further weighed down in the 1968 Series 2 and deformed for good with the American-style Series 3 in 1971. More specifically, it was progressively deprived of its youthful freshness and targeted at an increasingly 'senior' public. This downwards evolution should come as no surprise, considering that in 1966 Jaguar had joined the Leyland group (which, as a result of the merger became BMH, British Motor Holdings, the heir to a multiplicity of different companies) at that time uncontested leader in the

était extraordinaire pour l'époque : seules quelques Ferrari et quelques Maserati pouvaient en faire autant, mais au double de son prix. De plus, la E-Type offrait une carrosserie très " sexy ", ce qui, pour le grand public, était infiniment plus important que tous les raffinements techniques qu'elle dissimulait : aussi bien en version roadster qu'en coupé, cette dernière dotée de la plus belle porte arrière de l'histoire, la E-Type était un véritable chef d'œuvre, une sculpture.

La nouvelle XKE remporta un succès immédiat, mondial et bouleversant. Malgré des problèmes initiaux assez importants (le système de freinage, par exemple, devait être longtemps suspect), la E-Type conquit immédiatement les esprits et les portefeuilles de milliers de clients. Les premières petites modifications, qui devaient différencier le célèbre premier *flat floor* des versions suivantes, ne devaient rien enlever à un projet sensationnel, auquel le 3,8 litres XK, après 13 ans de vie, donnait une crédibilité totale.

Il fallut toute la bonne volonté d'une poignée de directeurs, dignes représentants de l'industrie automobile anglaise de l'époque, pour ruiner la carrière de la E-Type. En y réfléchissant maintenant, il semble vraiment que ces personnes aient fait de leur mieux pour ruiner la beauté de cette voiture et le pouvoir de fascination qu'elle exerçait, dans le cadre d'un plan qui, pour arriver au but final du suicide de l'industrie automobile anglaise, prévoyait aussi la suppression de tous les petits spiders MG et Triumph, la fermeture de Riley et de Wolseley, la création de la TR7 et de l'Allegro, de la Morris Marina, de la Rover SD1 ainsi que d'autres folies du même acabit. La E-Type, poussée à 4,2 litres en 1964, ultérieurement alourdie avec la Série 2 de 1968 et définitivement déformée dans la Série 3 américanisante de 1971, devait progressivement être privée de sa fraîcheur juvénile et destinée à un public de plus en plus " vieux ". Cette évolution négative ne surprend pas, si on considère qu'en 1966 Jaguar avait rejoint le groupe Leyland (appelé, après cette fusion, BMH, c'est-à-dire British Motor Holdings, dans la mesure où il récupérait l'héritage d'une multiplicité de réalités industrielles différentes), à l'époque leader toute catégorie de la destruction méthodique de ses propres produits.

Cette évolution déprimante devait voir l'extinction progressive du charme de la E-Type, jusqu'à sa fin, décrétée en 1975. Venant augmenter

gno proprio per rovinare un'automobile tanto bella e affascinante, nell'ambito di un piano che, per raggiungere lo scopo finale del suicidio dell'industria automobilistica inglese, prevedeva anche la soppressione di tutte le piccole spider MG e Triumph, la chiusura della Riley e della Wolseley, la creazione della TR7 e della Allegro, la Morris Marina, la Rover SD1 e altre follie del genere. La E-Type, allargata a 4.2 litri nel 1964, ulteriormente appesantita con la Serie 2 del 1968 e definitivamente sformata nell'americaneggiante Serie 3 del 1971, venne progressivamente privata della sua freschezza giovanile e destinata a un pubblico sempre più "vecchio". Non sorprende quest'evoluzione negativa, considerato che la Jaguar nel 1966 era entrata a fare parte del gruppo Leyland (denominato, dopo quella fusione, BMH, cioè British Motor Holdings, in quanto erede di una molteplicità di realtà industriali diverse), all'epoca incontrastato leader nella metodica distruzione dei suoi stessi prodotti.

Questa deprimente evoluzione vide ridurre il fascino della E-Type gradualmente, fino alla sua fine, decretata nel 1975. Ad aumentare la generale pesantezza di un'auto nata snella e poi, come accade a troppe belle donne, intollerabilmente appesantita con gli anni, arrivò nel 1971 l'impianto del motore 12 cilindri: un bel monoalbero 5.3 litri a V che però, divenne un buon motore solo dopo, quando finalmente venne installata l'iniezione. Nell'edizione a carburatori montata sulle E-Type, era solo la delizia di tutti i petrolieri. Molto meglio, ancora una volta, il 6 cilindri storico, l'immortale XK.

Lo scarso legame dei dirigenti dell'epoca con il passato storico della Jaguar, quello dei momenti nei quali si creò la leggenda, si vide bene quando, nel 1975, essi terminarono la dinastia delle XK. Le vetture sportive della Jaguar furono svincolate da una sigla che era, evidentemente, un imbarazzante ricordo di passate grandezze, di precedenti gestioni innamorate e ricche di gusto. La frattura si consumò appieno con l'arrivo della XJS.

Doveva essere l'erede della E-Type, fu, invece, un mezzo disastro. Presentata con un'estetica che tutti ritennero subito scadente, con una sigla che non era XK, un brutto cruscotto in plastica nera, carrozzeria esclusivamente chiusa e con il solo motore V12 (poi affiancato anche da

JAGUAR

Le tappe fondamentali/The milestones/Les étapes fondamentales

1935. Fondazione della Jaguar.
Jaguar founded.
Fondation de Jaguar.

1948. Viene presentata la prima "XK", la 120.
The first 'XK', the 120, presented.
Présentation de la première " XK ", la 120.

1950. Nasce la berlina "Mark VII" che ispirerà la linea delle berline Jaguar fino a oggi.
The 'Mark VII' appears. The car has inspired the line of Jaguar saloons ever since.
Naissance de la berline " Mark VII ", qui inspirera la ligne des berlines de la Marque jusqu'à aujourd'hui.

1951. Con la "C-Type" la Jaguar ottiene la prima vittoria nella 24 Ore di Le Mans.
With the 'C-Type', Jaguar wins its first Le Mans 24 Hours.
Avec la " C-Type " Jaguar remporte sa première victoire aux 24 Heures du Mans.

1957. La Jaguar si ritira ufficialmente dalle competizioni.
Jaguar officially retires from competitions.
Jaguar se retire officiellement des compétitions.

1961. La "E-Type", coupé e cabriolet, debutta a Ginevra.
The 'E-Type' coupé and cabriolet debut in Geneva.
La " E-Type ", coupé et cabriolet, fait ses débuts à Genève.

1966. La Jaguar si fonde con la BMC. Nasce la BMH.
Jaguar merges with BMC. The BMH is born.
Jaguar fusionne avec BMC. C'est la naissance de BMH.

1968. Nasce la famiglia delle berline "XJ".
The 'XJ' saloon family is born.
Naissance de la famille des berlines " XJ ".

1971. Debutta il motore 12 cilindri, prima sulla "E-type", poi sulla berlina "XJ".
The 12 cylinder engine debuts, first in the 'E-Type', then in the 'XJ' saloon.
Débuts du moteur 12 cylindres, d'abord sur la " E-type ", puis sur la berline " XJ ".

1975. La "XJ-S" sostituisce la "E-Type" nel segmento delle Jaguar sportive.
The 'XJ-S' replaces the 'E-Type' in the Jaguar sports car segment.
La " XJ-S " remplace la " E-Type " dans le segment des Jaguar de sport.

1984. La Jaguar viene privatizzata, sotto la direzione di John Egan.
Jaguar privatised under John Egan.
Privatisation de Jaguar, sous la direction de John Egan.

1986. Con la "XJR-6" la Jaguar torna ufficialmente dopo trent'anni anni alle corse. Conquisterà tre titoli mondiali Sport ('87, '88 e '91).
With the 'XJR-6', Jaguar makes its official return to racing after thirty years away. It wins three world Sport titles ('87, '88 and '91).
Avec la " XJR-6 " Jaguar fait officiellement son retour aux courses après trente ans. La Marque remportera trois Championnats du Monde Sport ('87, '88 et '91).

1990. La Jaguar viene acquistata dalla Ford.
Jaguar taken over by Ford.
Acquisition de Jaguar par Ford.

1992. Iniziano le consegne della "XJ220", la Jaguar di serie più veloce (322 km/h) e costosa (290.000 sterline) di tutti i tempi.
Deliveries begin of the 'XJ220', the fastest (322 km/h), most expensive (£ 290,000) production Jaguar of all time.
Début des livraisons de la " XJ220 ", la Jaguar de série la plus rapide (322 km/h) et la plus coûteuse (£ 290 000) de tous les temps.

1996. Arriva l'"XK8".
The 'XK8' appears on the scene.
Arrivée de la " XK8 ".

destruction of its own products.

These depressing developments saw the appeal of the E-Type gradually decline and it was eventually discontinued in 1975. Like too many beautiful women, the car started off slimline, only to become intolerably overweight with the installation, in 1971, of the 12-cylinder engine, a lusty single-shaft 5.3 litre V unit which only came into its own later, when injection was finally fitted. In the carburettor version fitted on the E-Type, it was boon for oil magnates – and no one else. The historical 6-cylinder unit, the immortal XK was, again, far, far better.

The lack of any bond between the managers of the period and Jaguar's historical past, the years in which the legend was born, became evident in 1975 when they discontinued the XK dynasty. Jaguar sports cars thus lost an acronym which was, evidently, an embarrassing reminder of past glories and past taste-enamoured managements. The fracture was 'offi-

la lourdeur générale d'une voiture qui était née svelte et ensuite, comme cela arrive à trop de jolies femmes, intolérablement alourdie par le poids des ans, on vit arriver en 1971 l'installation du moteur 12 cylindres : un bel arbre unique de 5,3 litres en V qui, toutefois, ne devait devenir un bon moteur qu'une fois l'injection finalement installée. Dans la version à carburateurs installée sur la E-Type, il faisait surtout les délices de toutes les compagnies pétrolières. Le 6 cylindres historique, l'immortel XK, était encore une fois bien meilleur.

On voit bien à quel point le lien entretenu par les directeurs de l'époque avec le passé historique de Jaguar, celui des moments qui virent la création de la légende, était faible à la décision qu'ils prirent, en 1975, de mettre fin à la dynastie des XK. Les voitures de sport de Jaguar furent déconnectées d'un sigle qui était, à l'évidence, un rappel embarrassant de grandeurs passées, de directions passées amoureuses ainsi que de leur goût exceptionnel. La fracture devait se

Nel 1975 la XJ-S sostituisce la E-Type. Dopo una tiepida accoglienza, soprattutto la versione cabriolet (nella foto una delle ultime versioni) incontrerà un buon successo.

In 1975 the XJ-S replaced the E-Type. After a lukewarm reception, the cabriolet version in particular (one of the last versions of which is shown in the photo) was to achieve a great success.

En 1975 la XJ-S remplaça la E-Type. Après un accueil tiède, c'est surtout la version cabriolet (dans la photo l'une des dernières versions) qui connaîtra un franc succès.

più moderati 6 cilindri, anch'essi con poca fortuna), essa pagò la sua sottomissione ai più decadenti aspetti del gusto nordamericano con un insuccesso commerciale che pesò a lungo nei bilanci, oltre che nell'immagine, della Jaguar.

Nel corso degli anni successivi la Jaguar, essendo gestita da migliori dirigenti di quelli che aveva avuto negli anni Settanta e primi anni Ottanta, tentò di migliorare la situazione della XJS installando nuovamente un cruscotto rifinito in legno, presentando nel 1985 una (brutta) mezza cabriolet con apertura mista a pannelli rigidi e capottina posteriore ripiegabile, quindi finalmente arrivando, nel 1988, a esibire quella che avrebbe dovuto essere la versione iniziale: una convertible "vera", senza pannelli rigidi da rimuovere, senza roll-bar, tutta bella scoperta e, a partire dal 1991, con un motore ben più agile dell'ingombrante V12, un 6 cilindri 4 litri che era (guarda caso!) una moderna evoluzione del solito, leggendario XK, un 6 cilindri denominato AJ6 e che aveva visto la luce sulla berlina nel 1986. Nel 1984, intanto, la Jaguar era uscita dal disgraziato gruppo BMH (l'erede della BMC, British Motor Corporations) tornando, sotto la guida di Sir John Egan, in mani private.

Il punto di svolta della recente storia della Casa inglese fu, nel 1990, l'acquisto da parte della Ford. Il colosso americano dette alla Ja-

cialised' with the arrival of the XJS.

The car was intended to be the heir to the E-Type. Alas, it was something of a disaster. No one liked the styling, the XK acronym was sadly missed, the black plastic dashboard was ghastly, the body was all-closed and the only engine option was a V12 (later unsuccessfully supplemented by more moderate 6-cylinder units). The car dallied too much with decadent American taste and the flop weighed heavily on the Jaguar balance sheet, not to mention the corporate image, for a long time to come.

In the course of the subsequent years, Jaguar was run by better managers than the ones it was lumbered with in the seventies and early eighties. It thus sought to improve the lot of the XJS by installing another wood-finished dashboard and presenting, in 1985, an (again ugly) semi-cabriolet with a hood made by rigid panels and a rear convertible soft-top and, in 1988, what ought to have been the initial version: a 'real' convertible, without rigid panels to remove and without roll bars, all nice and open and, from 1991, with a much more agile engine than the cumbersome V12, a 6-cylinder 4-litre unit which was – by no means coincidentally – a modern evolution of the legendary old XK, a 6-cylinder unit denominated AJ6, which saw the light on the 1986 saloon. In 1984, in the meantime, Jaguar left the ill-

consommer pleinement avec l'arrivée de la XJS.

Ce devait être l'héritière de la E-Type : ce fut, au contraire, un demi-désastre. Présentée avec une esthétique que tout le monde considéra tout de suite comme décadente, avec un sigle qui n'était pas XK, un tableau de bord laid en plastique noir, une carrosserie exclusivement fermée et avec le seul moteur V12 (qui fut suivi par la suite des 6 cylindres plus modérés, mais eux-aussi sans grand succès), elle devait payer sa soumission aux goûts nord-américains les plus décadents par un fiasco commercial qui devait longtemps peser dans les bilans, en plus que sur l'image, de Jaguar.

Au cours des années suivantes la firme, gérée par des dirigeants plus avisés que ceux qu'elle avait eu dans les années soixante-dix/début des années quatre-vingts, devait essayer d'améliorer la situation de la XJS en installant de nouveau un tableau de bord avec finition en bois, en présentant en 1985 un demi-cabriolet (laid) avec couverture mixte en tôles rigides et petite capote arrière repliable, en arrivant donc finalement, en 1988, à présenter ce qui aurait dû être la version initiale : une " véritable " décapotable. Sans tôle rigide à enlever, sans arceau de sécurité, complètement découverte et, à partir de 1991, avec un moteur bien plus agile que l'encombrant V12, un 6 cylindres de 4 litres qui était, comme par hasard, une version moderne de l'ha-

guar, oltre a una necessaria tranquillità economica, anche il beneficio di una gestione davvero illuminata, come poche ce ne sono nel mondo dell'automobile, dando aiuto in tutti i settori tecnici ma senza disturbare la filosofia di una Casa la cui fortuna si è sempre basata prima di tutto su uno stile inimitabile. La serie delle nuove berline XJ e delle recentissime sportive XK corona un lavoro di evoluzione che, nel giro di pochi anni, ha portato la Jaguar da una reputazione di assoluta inaffidabilità ai vertici delle classifiche di *consumer satisfaction*.

Ora al timone della Jaguar c'è Nick Scheele, uomo insolitamente colto per l'industria dell'automobile. Pochi manager del suo livello hanno la cultura giusta per apprezzare la vita al punto di intendersene davvero di grandi vini. Non è da tutti conoscere per esperienza personale la differenza fra un Romanée-Conti e un Vosne-Romanée. Scheele, che se ne intende di vini come di belle auto, ha evidentemente il palato per creare le Jaguar giuste. C'era bisogno di un uomo di questo livello di cultura, dopo tante false partenze del passato. I risultati si vedono: la Jaguar, negli ultimi semestri, non ha fatto altro che macinare un record di vendite dopo l'altro.

La XK dei giorni nostri è la prima serie di questa Casa a essere stata pensata esclusivamente per l'installazione di un motore che, per ragioni eminentemente legislative, non è più quel leggendario 6 cilindri in linea, ma è stato concepito per raccoglierne brillantemente l'eredità. Nata come XK8 proprio per segnalare sin dal primo momento il passaggio a un maggiore frazionamento, la serie delle attuali sportive Jaguar ripropone tutte le migliori qualità di questa famiglia, ulteriormente valorizzate dall'aumento di potenza apportato dall'installazione del compressore sui modelli XKR.

fated BMH group (an offshoot of BMC British Motor Corporations) and went private again under Sir John Egan.

The big turnaround in the recent history of Jaguar came in 1990 when the company was taken over by Ford. The American colossus gave Jaguar not only much needed economic breathing space, but also the benefit of truly enlightened management, unparalleled in the car world. Ford in fact offered help in all technical areas without disturbing the philosophy of a company whose fortune had always been based on its inimitable style above all else. The series of new XJ saloons and the very recent XK sports cars crowns an evolution which, in the space of a few years has taken Jaguar's reputation from one of total unreliability to the top of the consumer satisfaction charts.

Now Jaguar is headed by Nick Scheele, a man of above-par culture for the car industry. Few managers at this level possess the culture to appreciate life and really understand great wines. Not everyone, for example, can tell the difference between a Romanée-Conti and a Vosne-Romanée. Scheele can; he understands wines as well as he understands fine cars, so his palate is evidently fine enough to create Jaguars the way they should be. After all the false starts of the past, the need for a man of his culture was sorely felt. The results are there for all to see: in recent half-year periods, Jaguar has scored one record after another.

The present-day XK is the first Jaguar series to be designed exclusively for the installation of an engine which, for eminently legislative reasons, may no longer be the legendary 6-cylinder in line unit, but seeks nonetheless to inherit its legacy. Born as XK8 to denote the increase in the number of cylinders, the present Jaguar sports car series reproposes all the

bituel légendaire XK, un 6 cylindres appelé AJ6 qui avait vu le jour sur la berline de 1986. Cependant, en 1984, Jaguar était sorti du malheureux groupe BMH (qui avait recueilli l'héritage de BMC, British Motor Corporations) en revenant, sous la conduite de Sir John Egan, dans le secteur privé.

Le tournant dans la récente histoire de la firme anglaise fut en 1990, son acquisition par Ford. Le colosse américain devait donner à Jaguar en plus d'une nécessaire tranquillité économique, aussi le bénéfice d'une direction vraiment éclairée, comme on en voit peu dans le monde de l'automobile, en apportant son aide dans tous les secteurs techniques mais sans perturber la philosophie d'une firme dont la fortune a toujours été basée en premier lieu sur son inimitable style. La série des nouvelles berlines XJ et des récentes voitures de sport XK vient couronner un travail d'évolution qui, en quelques années, a conduit Jaguar d'une réputation de carence absolue au niveau fiabilité au sommet des classements des *consumer satisfaction*.

On trouve maintenant à la barre de Jaguar un homme inhabituellement cultivé pour l'industrie automobile, Nick Scheele. Rares sont les dirigeants de son niveau à posséder la culture permettant d'apprécier la vie au point de bien connaître les grands vins . Il n'est pas donné à tout le monde de savoir par expérience personnelle faire la différence entre un Romanée-Conti et un Vosne-Romanée. Scheele, qui s'y connaît en vins comme en belles voitures, possède le palais permettant de créer les bonnes Jaguar. Il fallait un homme de ce niveau de culture, après tant de faux départs du passé. On en voit les résultats, Jaguar, au cours des derniers semestres, n'a fait qu'enregistrer un record de ventes après l'autre.

La XK de nos jours est la première série de cette firme à avoir été pensée exclusivement pour l'installation d'un moteur qui, pour des raisons éminemment législatives, n'est plus le légendaire 6 cylindres en ligne, mais qui a été pensé pour en recueillir brillamment l'héritage. Née comme XK8 justement pour signaler dès le tout début le passage à un fractionnement supérieur, la série des Jaguar de sport actuelles en propose toutes les meilleures qualités de cette famille, encore plus valorisée par l'augmentation de la puissance apportée par l'installation du compresseur sur les modèles XKR.

Un frontale inconfondibile, quello della XK8, nel quale spiccano dettagli fortemente caratterizzati. Decisamente originali soprattutto i rostri paracolpi ravvicinati, prolungamento ideale della modanatura del cofano.

The XK8 has an unmistakable nose with very distinctive details. Especially original are the close bumper guards, an ideal continuation of the bonnet moulding.

Un avant unique en son genre, celui de la XK8, où l'on distingue des détails à la forte personnalité. Les rostres pare-chocs rapprochés sont très originaux, en venant prolonger idéalement la nervure du capot.

IL DESIGN

La prima volta che si vede su strada una XK, la reazione è sempre quella: la sua sigla evoca linee morbide e sensuali, eleganza e potenza con uno slancio dinamico che riesce a essere sempre sensuale, mai volgare.

Era la mano di William Lyons a dare alle sue auto sportive questo afflato, questo slancio imperioso; grazie a lui e al suo "occhio", saggiamente amministrato sul team di specialisti che egli aveva assemblato a Coventry nel corso degli anni, la linea delle XK ha sempre suggerito al tempo stesso velocità, fascino e grazia. Partendo da quella leggendaria prima 120 che gettò nel panico i visitatori del Salone di Londra del 1948, fino alla E-Type nel 1961, tutte le auto di questa stirpe hanno mantenuto un'impronta netta e ben classificabile, fatta di un'aggressività mai disgiunta da una ben calcolata eleganza.

Questa è la vera Inghilterra di classe, quella dei motori rapidi ma silenziosi, degli interni funzionali e anche lussuosi, delle carrozzerie fascinose che non invecchiano. Si può leggere in molti modi, anche con un pizzico di malizia, il fatto che la XJS, senz'altro una delle meno riuscite fra le linee di Sir William Lyons, fosse appunto una XJ, non una XK...

Più bella coupé o convertible? La discussione è aperta: dal punto di vista della piacevolezza d'uso, la "scoperta" vince per ovvie ragioni, ma lo stile generale è più fluido, bello e compiuto nella versione chiusa, il cui tetto scivola all'indietro con pregevole eleganza e, aiutato dalle generose dimensioni complessive, assume "dal vero" un'importanza tutta particolare.

Molta della classe delle nuove XK è dovuta al profilo del tetto, basso, sfilato, con una ridotta altezza delle superfici vetrate laterali che evo-

STYLING

The first time you see an XK on the road, you feel a sense of admiration. The very acronym conjures up soft, sensual lines, elegance and power with a dynamic flair that manages to be 'sexy' without being vulgar.

It was the hand of William Lyons which gave these sports cars their imperious scope and flair. Thanks to him and the acumen with which he monitored the team of specialists he assembled over the years in Coventry, the line of the XK's always suggested a combination of speed, charm and grace. From the first legendary 120, which sent visitors to the 1948 London Motor Show into a quandary, to the 1961 E-Type, all the cars in the line maintained a clear, easily classifiable mixture of aggression and well-calculated elegance.

They embody true British class: fast, silent engines, functional yet luxurious interiors and exciting, timeless bodies. There are many ways – some mischievous! – of interpreting the fact that the XJS, without doubt one of the least successful of Sir William Lyons's lines, became an XJ and not an XK...

And which was the lovelier: the coupé or the convertible? The discussion is open. From the point of view of user pleasure, the 'open' version obviously comes out on top, but the general style of the closed version is more fluid, attractive and rounded, with a roof that slides back elegantly and, partly thanks to its sheer bulk, gives a sense of overall impressiveness.

The new XK owes much of its elegance to the profile of the roof, low and smooth with a reduced height of the glazed side-surfaces to conjure up an overall impression of aloof nobility. The lowslung nose and the proudly upraised tail add flair and grit to the truly sporty line.

LE DESIGN

La première fois que l'on voit une XK sur route, on a toujours la même réaction : son sigle évoque des lignes douces et sensuelles, élégance et puissance avec un élan dynamique qui réussit à être toujours sensuel, jamais vulgaire.

C'était la main de William Lyons qui a donné à ses voitures de sport cet élan impérieux et inspiré ; grâce à lui et à son œil, sagement administrés sur l'équipe de spécialistes qu'il avait réunis au cours des années, la ligne de la XK a toujours évoqué en même temps la vitesse, la fascination et l'élégance. En partant de la légendaire première 120 qui devait semer la panique parmi les visiteurs du Salon de Londres de 1948, jusqu'à la E-Type en 1961, toutes les voitures de cette phase ont conservé nettement une organisation aisément classifiable, faite d'une agressivité qui ne se sépare jamais d'une élégance bien calculée.

C'est là la véritable classe anglaise, celle des moteurs rapides mais silencieux, des intérieurs fonctionnels et luxueux en même temps, des carrosseries fascinantes qui ne vieillissent jamais. On peut lire de nombreuses façons, avec un brin de malice, le fait que la XJS, certainement l'une des voitures les moins réussies des lignes de William Lyons, fut justement une XJ, et pas une XK...

Est-ce le coupé ou la décapotable la plus belle voiture ? Le débat est ouvert : du point de vue du plaisir d'utilisation, la version " découverte " l'emporte pour des raisons évidentes, mais le style général est plus fluide, plus beau et plus achevé dans la version fermée, dont le toit glisse en arrière avec une élégance appréciable et, aidé par ses dimensions globales généreuses, prend " au naturel " une importance tout à fait particulière.

Une grande partie de l'élégance des nouvelles XK vient du profil du toit, bas, effilé, avec une hauteur réduite des surfaces vitrées latérales qui

AX 473 RR
JAGUAR
XKR

Muso contro coda, coupé contro convertible. Il dibattito sulla bellezza è aperto. In molti dettagli emerge il family look e una simmetria particolarmente accentuata, come nei gruppi ottici.

Nose against tail, coupé against convertible. The debate on beauty is open. Many details – the lighting clusters, for example – have a family look and highly accentuated symmetry.

Museau contre queue, coupé contre convertible. Le débat sur la beauté est ouvert. On perçoit dans de nombreux détails le family look et une symétrie particulièrement accentuée, comme dans les groupes optiques.

La capote, croce e delizia delle vetture aperte. Delizia quando si apre liberando i passeggeri all'aria aperta, croce quando si chiude, contaminando la pulizia del design. Nella XK8 convertible il risultato estetico, anche a vettura chiusa, è comunque gradevole.

The hood, a mixed blessing for open cars. It's a blessing when it opens and lets the passengers enjoy the open air, but less so when it closes and impairs the crispness of the design. In the XK8 convertible, the stylistic effect is pleasant even with the car closed.

La capote, enfer et paradis des voitures ouvertes. Paradis quand elle s'ouvre en libérant les passagers à l'air libre, enfer quand elle se referme, en contaminant la netteté du design. Dans la XK8 convertible le résultat esthétique, même quand la voiture est fermée, est toujours agréable.

cano una certa nobile minacciosità dell'insieme. Ma anche il fatto di avere il muso che punta verso il basso e la coda che rimane, invece, così orgogliosamente rialzata aiuta a dare slancio e grinta a una linea da vera sportiva.

L'intenditore di palato fine e buona memoria può scorgere, in questa carrozzeria, echi non certo distanti di un prototipo per una ipotetica Jaguar F-Type o, se preferite, XKF, presentata da Pininfarina nel 1978. Segno di un grande Maestro fu, in quell'occasione, il fatto che il grande stilista torinese sapesse reinterpretare lo stile della Casa inglese in maniera molto rispettosa dell'originale, producendo quindi una "Jaguar", non solo una "Pininfarina". La sua lezione non è andata perduta e, se la XK8 deve molto a Ian Callum e alla sua Aston Martin DB7 (da cui la distinguono però le dimensioni e le proporzioni fra i volumi), una evidente traccia è rimasta anche di quel lontano prototipo. Non manca, sul cofano, il più classico degli stemmi inglesi: la testa ruggente di un giaguaro molto arrabbiato, figura che gli addetti ai lavori chiamano confidenzialmente *Growler* e che porta la dicitura "Jaguar-4 Litres" per la XK8, o l'ancor più esplicito "Jaguar-Supercharged" su fondo rosso per la XKR. Poesia...

Il disegno dell'interno profuma sempre molto di classicità inglese secondo la scuola di Browns Lane, pur se gli aggiornamenti imposti dalle normative internazionali in tema di sicurezza ne hanno un po' mutato i dettagli. Il sapore delle Jaguar classiche non si è comunque neppure attenuato, è chiaro. Il profilo del cruscotto è stato reso più massiccio dall'obbligatoria adozione degli airbag per pilota e passeggero, ma il suo profilo è semplice, nitido e la strumentazione, alloggiata in un pannello di bel le-

Any connoisseur with a fine palate and a good memory may note, in this chassis, by no means distant echoes of the prototype for a hypothetical Jaguar F-Type or, if you prefer, XKF presented by Pininfarina in 1978. With the touch of a great Master, on that occasion the great Turinese designer reinterpreted the style of the British manufacturer with great respect for the original. The result was not only a 'Pininfarina' but also very much a 'Jaguar'. His lesson has not been lost, and if the XK8 owes much to Ian Callum and his Aston Martin DB7 (from which it differs in the dimension and proportion of its volumes), a clear trace of that far-off prototype has survived. The bonnet also bears the most classic of British emblems: the head of a roaring, angry jaguar, which insiders confidentially refer to as the 'Growler', above the words 'Jaguar-4 Litres' for the XK8 or the even more explicit 'Jaguar-Supercharged' on a red background for the XKR. Poetry in motion...

The design of the interior still smacks very much of the Brown Lanes school of British classicism, though changes in international safety standards have imposed slight changes in detail. Not that the flavour of classic Jaguars is in any way attenuated. The profile of the dashboard has been made more robust by the compulsory adoption of driver and passenger airbags, but it remains simple and straightforward and the instrumentation, housed in a fine wood panel (the finishing of which can be chosen by the customer) is still excellent.

The generally 'romantic' penchant of the cabin is underscored by instruments such as the oil pressure gauge and voltmeter, trifles gratuitous on a modern car. Both are basically memories of past eras, luxurious embellishments

évoquent un certain aspect noble et menaçant de l'ensemble. Mais le fait aussi d'avoir le museau pointant vers le bas et la queue qui reste presque relevée contribue à donner de l'élan et de l'agressivité à une ligne de véritable sportive.

Le connaisseur au fin palais et à la mémoire bonne peut passer en revue, dans cette carrosserie, des échos qui rappellent les finesses d'un prototype, une hypothétique Jaguar F-Type ou, si vous préférez, XKF, présentée par Pininfarina en 1978. La marque d'un grand Maître devait consister, à cette occasion, à réussir à interpréter le style de la firme anglaise de manière très respectueuse de l'original, en produisant donc une " Jaguar ", pas seulement une " Pininfarina " du grand styliste de Turin . Sa leçon n'a pas été perdue et, si la XK8 doit beaucoup à Ian Callum et à son Aston Martin DB7 (dont toutefois les dimensions et les proportions des volumes la distinguent), ce lointain prototype a lui aussi laissé une trace évidente. On trouve toujours, sur le capot, le plus classique des écussons anglais : la tête rugissante d'un jaguar très irrité, figure que les spécialistes appellent confidentiellement *Growler* et qui porte une inscription " Jaguar-4 Litres " pour la XK8, ou celle plus explicite encore " Jaguar-Supercharged " sur fond rouge pour la XKR. Poésie...

Le dessin de l'intérieur rappelle beaucoup le classicisme anglais d'après l'école de Browns Lane, même si les actualisations imposées par les normes internationales en matière de sécurité en ont un peu modifié les détails. La saveur des Jaguar classiques ne s'est cependant pas du tout atténuée, c'est très clair. Le profil du tableau de bord a été rendu plus massif par l'adoption obligatoire des airbags pour le pilote et le passager, mais son profil est simple, net et l'instrumenta-

Sotto il profilo estetico la XK8 deve molto al prototipo F-Type realizzato da Pininfarina nel 1978.

Aesthetically, the XK8 owes much to the F-Type prototype made by Pininfarina in 1978.

Esthétiquement la XK8 doit beaucoup au prototype F-Type réalisé par Pininfarina en 1978.

Raramente in terra britannica si può ammirare un bel cielo limpido. Eppure gli inglesi nel mondo delle vetture "aperte" restano dei maestri. Paradossi della vita...

Clear skies are a rare event in Britain. Yet the Brits are still masters at making 'open' cars. The paradoxes of life...

Il est très rare de pouvoir admirer en terre britannique de beaux cieux limpides. Et pourtant les anglais restent des maîtres dans le monde des voitures " ouvertes ". La vie et ses paradoxes...

XKR

La coda della XKR, orgogliosamente rialzata, è un forte simbolo di carattere.

The proudly raised tail of the XKR is a symbol of character.

La queue de la XKR, remontée orgueilleusement, est un symbole de caractère.

Il giaguaro ruggisce ancor più fiero sulla XKR con motore "supercharged".

The jaguar roars even more proudly on the XKR with the 'supercharged' engine.

Le jaguar rugit encore plus fier sur la XKR équipée du moteur " supercharged ".

gno pregiato (la cui finizione è a scelta del cliente) è sempre eccellente.

La vocazione sostanzialmente "romantica" di questo abitacolo è sottolineata dalla presenza di strumenti come l'indicatore della pressione dell'olio e il voltmetro, francamente un po' inutili su automobili moderne. Ambedue sono sostanzialmente ricordi di epoche passate, lussuosi abbellimenti portati fino a noi dalla nostalgia di tempi diversi e lontani. Il voltmetro, in particolare, è ormai classicamente sempre fermo sul "bello stabile", lancetta al centro, fine dei problemi. Serviva davvero quando un tempo, sui grossi bombardieri quadrimotori Lancaster, il pilota doveva curarsi che il primo motore da avviare, quello interno di sinistra, alimentasse a dovere i generatori di bordo prima di tentare l'avviamento degli altri suoi tre Rolls-Royce. Ora è bello, ma, sostanzialmente, anche poco utile. Basta, per gli eventuali avvertimenti, una spia e anche questa, stante l'incredibile progresso qualitativo degli impianti elettrici della Jaguar negli ultimi anni, non ha più alcun motivo di farsi viva.

Poco male, perché l'integrazione delle altre indicazioni di bordo è notevole, ben realizzata, sempre apprezzabile per la maniera con la quale la razionalità è stata ingentilita in un garbato stile albionico. Meravigliosa è la morbida grazia con la quale la grande capote della convertible si ripiega nel suo alloggiamento, dietro ai piccoli sedili posteriori. In ogni versione l'olfatto è solleticato da un profumo di pelle che su nessun'altra auto appare "naturale", ovvia e irrefutabile come su una Jaguar. È un fatto di sensazioni, di emozioni.

handed down to us by nostalgia for past eras. The hands of the voltmeter in particular are now invariably still at the centre. Meaning that everything's always OK, no problems. The device used to have a real purpose on four-engine Lancaster bombers when the pilot had to be sure the first engine, on the inner left, was fuelling the on-board generators properly before attempting to start the other three Rolls-Royce units. Today it's nice to look at, but basically useless. A mere light would do the job just as well but, given the incredible steps forward in quality which Jaguar's electrical systems have made in the last few years, event it would be superfluous.

No problem! The other on-board controls are well integrated, beautifying rationality with typically discreet Albionic style. The large hood of the convertible folds deftly into its housing behind the rear seats. In every version you can savour the whiff of real leather, in no other car could it be as 'natural', obvious and irrefutable as in a Jaguar. Basically it all boils down to feeling and emotion.

tion, logée dans un panneau de beau bois précieux (dont la finition est choisie par le client), est toujours excellente.

La vocation " romantique " de cet habitacle est soulignée par la présence d'instruments comme l'indicateur de pression d'huile et le voltmètre, franchement un peu inutiles sur les voitures modernes. Ces deux instruments sont pour l'essentiel des souvenirs d'époques révolues, des embellissements luxueux amenés jusqu'à nous par la nostalgie de temps différents et lointains. Le voltmètre, en particulier, est désormais classiquement toujours arrêté sur le " beau fixe ", aiguille au centre, fin des problèmes. Il servait vraiment quand à une époque, sur les gros bombardiers quadrimoteurs Lancaster, les pilotes devaient vérifier que le premier moteur à lancer, le moteur intérieur gauche, alimentait convenablement les générateurs de bord avant d'essayer de lancer leurs trois autres Rolls-Royce. Maintenant il est beau mais, pour l'essentiel, assez peu utile. Un témoin suffirait pour les avertissements éventuels ; et cela aussi, avec le progrès qualitatif incroyable des installations électriques qu'ont connu les Jaguar de ces dernières années, n'a plus aucune raison de se faire remarquer.

Pas de mal, parce que l'intégration des autres indications de bord est remarquable, bien réalisée, toujours appréciable pour la manière avec laquelle la rationalité a été adoucie dans un style anglais courtois. La grande capote de la décapotable se replie dans son logement derrière les petits sièges arrière avec une grâce merveilleuse . Dans chaque version l'odorat est sollicité par un parfum de cuir qui sur aucune autre automobile n'apparaît aussi " naturel ", évident et irrésistible que sur une Jaguar. C'est un fait de sensations, d'émotions.

Sulla "R" spiccano alcuni dettagli distintivi. Di questi, le griglie di aerazione sul cofano sono le più evidenti.

Several distinctive details stand out on the 'R'. Among the most evident are the air grilles on the bonnet.

Sur la " R " se détachent des éléments distinctifs. Parmi ceux-ci, les grilles d'aération sur le capot sont les plus évidents.

Ruote e pneumatici

Come dotazione standard la XK8 è fornita di cerchi in lega a 5 raggi (dis. 1) 8J x 17 pollici con pneumatici 245/50 ZR 17 della Pirelli. Le gomme hanno battistrada asimmetrico. Nella parte centrale il battistrada presenta delle scanalature di scolo per ridurre la formazione di uno strato d'acqua fra il pneumatico e il terreno, assicurando così una tenuta ottimale in tutte le condizioni.

Le ruote sono bilanciate "alla cieca" con i pesi che aderiscono alla superficie interna del cerchione. Questo impedisce che si danneggi il rivestimento della superficie della ruota a tutto vantaggio dell'estetica. Viene montata di serie una gomma di scorta salvaspazio, il cliente può comunque richiederne in dotazione una normale.

I particolari cerchi sportivi in lega a 7 raggi (dis. 2 e 3) 8J x 18 pollici (anteriori) e 9J x 18 pollici (posteriori) sono compresi nel pacchetto opzionale CATS, o come singolo optional. Questi cerchi montano pneumatici 245/45 18 davanti e 255/45 18 dietro. I pneumatici anteriori sono unidirezionali, quelli posteriori asimmetrici. La versione sovralimentata XKR è equipaggiata di serie con cerchi da 18 pollici.

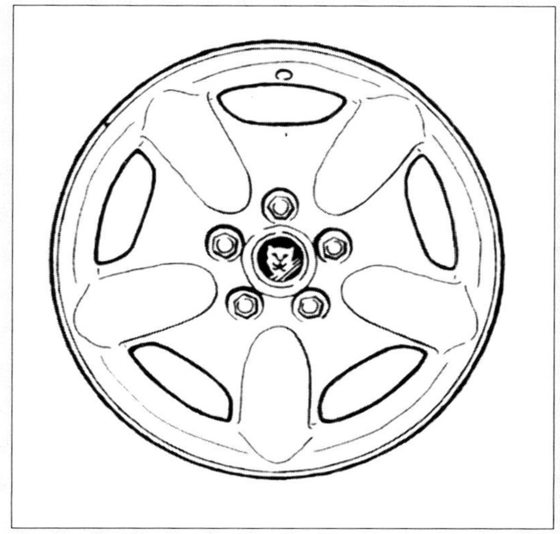

1

Wheels and tyres

The XK8 is fitted with 5-spoke (diagram 1) 8J x 17" alloy wheels with 245/50 ZR 17 Pirelli tyres as standard. The tyres have an asymmetrical tread with a central drainage groove to reduce the formation of a layer of water between the tyre and the road, thus ensuring optimal roadholding in all conditions.

The wheels are balanced 'blind' with weights which grip to the internal surface of the rim. This protects the wheel cover from damage and enhances its appearance. A space-saving spare wheel is provided as standard, though a normal one is available on request.

The 7-spoke 8J x 18" (front) and 9J x 18" (rear) special sports wheels (diagrams 2 and 3) are included in the optional CATS package or as single options. These wheels mount 245/45 18 tyres at the front and 255/45 18 tyres at the rear. The front tyres are unidirectional, the rear tyres asymmetrical. The supercharged XKR version is fitted with 18" wheels as standard.

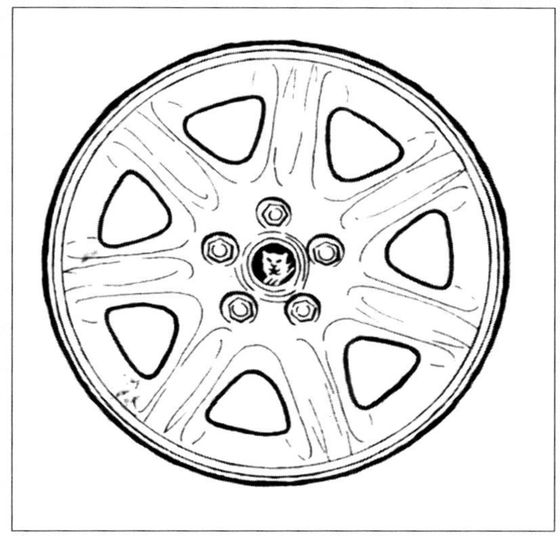

2

Roues et pneumatiques

La XK8 est équipée de série avec des jantes en alliage à 5 rayons (planche 1) de 8J x 17 pouces avec des pneumatiques 245/50 ZR 17 de Pirelli. Les pneus ont une chape asymétrique. Au milieu la chape présente des cannelures d'écoulement permettant de réduire la formation de pellicule d'eau entre le pneumatique et le terrain, en assurant ainsi une tenue de route optimum dans toutes les conditions.

Les roues sont équilibrées " à l'aveugle " avec des équilibreurs qui adhèrent à la surface interne de la jante. Ceci protège le revêtement de la surface de la roue tout à l'avantage de l'esthétique. Un pneumatique de secours, très économe d'espace est monté de série, le client pouvant cependant demander l'installation d'une roue normale.

Les jantes de sport particulières en alliage à 7 rayons (planche 2 et 3) de 8J x 18 pouces (à l'avant) et de 9J x 18 pouces (à l'arrière) sont comprises dans l'ensemble en option CATS, ou sur demande spéciale. Ces jantes montent des pneumatiques 245/45 18 devant et 255/45 18 derrière. Les pneumatiques avant sont unidirectionnels, ceux à l'arrière sont asymétriques. La version suralimentée XKR est équipée de série avec des jantes de 18 pouces.

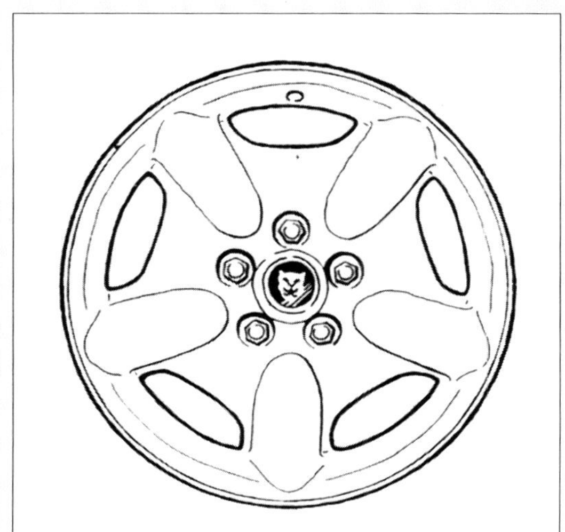

3

Eleganza e potenza con uno slancio che riesce a essere sempre sensuale ma mai volgare.

Elegance and power with a sleekness that is sensual without being vulgar.

Elégance et puissance avec un élan qui réussit à être toujours sensuel mais jamais vulgaire.

AX 348 ST

Sotto il cofano, il cuore. Bello, forte, robusto, pulsa potente ma senza inutili ruvidezze e spigolosità.

Under the bonnet, the heart. Beautiful, strong and robust, it beats powerfully but without gratuitous roughness or grating.

Sous le capot, le cœur, Beau, fort, robuste, il pulse puissant sans rugosités ni aspérités inutiles.

SUPERCHARGED
JAGUAR
DO NOT OPEN WHEN HOT
WARNING
100 kPa
AVERTISSEMENT
NE PAS OUVRIR A CHAUD

L'interno nell'allestimento "Classic", straordinario per eleganza, raffinatezza e livello di finitura. Gli interni Jaguar restano inconfondibili, e termine di raffronto per la concorrenza.

The interior of the 'Classic' trim. Outstandingly elegant and refined with top-class finishing. Jaguar interiors are unmistakable and a term of comparison for competitors.

L'intérieur dans l'équipement " Classic ", extraordinaire par son élégance, son raffinement et son niveau de finition. Les intérieurs Jaguar restent uniques en leur genre, un point de référence pour la concurrence.

L'interno nell'allestimento "Sport" si differenzia per la manifattura dei sedili, leggermente diversa, e per alcuni accessori. La radica di noce resta comunque protagonista assoluta.

The interior of the 'Sport' trim. The differences are in the seat upholstery and some accessories. Walnut stars as always.

L'intérieur dans la version " Sport " se différencie par la façon des sièges, légèrement différentes, et par certains accessoires. La racine de noyer continue cependant à jouer un rôle de tout premier plan.

AIRBAG

VOL
SELECT
VOL
SET
CANCEL

Il mito si alimenta
anche e soprattutto
di simbologie.
Il giaguaro
rammenta, se mai
fosse necessario,
che siamo su
un'automobile
"speciale".

Myth is fuelled
above all by
symbols. If you
happen to forget,
the jaguar reminds
you that you're
sitting in a very
'special' car.

Le mythe se nourrit
aussi et surtout
de symbologies.
Le jaguar rappelle,
si c'était jamais
nécessaire, que
nous sommes
sur une automobile
" spéciale ".

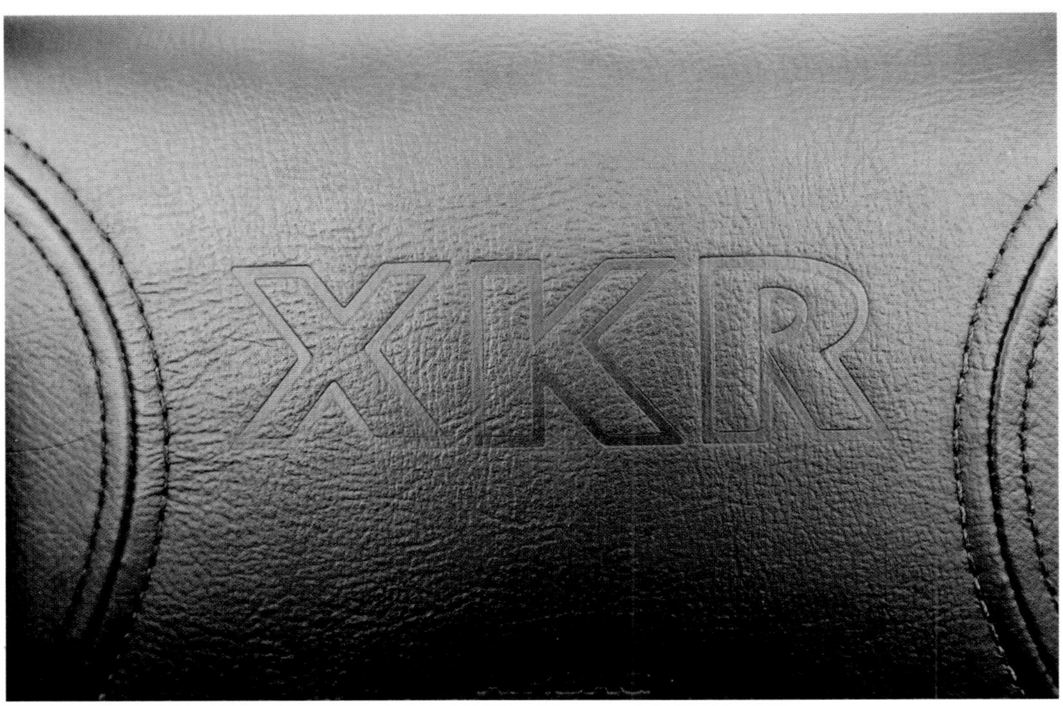

La suggestione di un tachimetro "importante" con fondoscala a 280 km/h è un privilegio che si meritano solo quelle GT capaci di mantenere ciò che promettono.

The suggestion of a speedometer that goes up to 280 km/h is a privilege which only GTs that keep their promises deserve.

Le pouvoir évocateur d'un compteur de vitesse " important " avec 280 km/h en toile de fond – un privilège que se méritent seulement les GT capables de tenir ce qu'elles promettent.

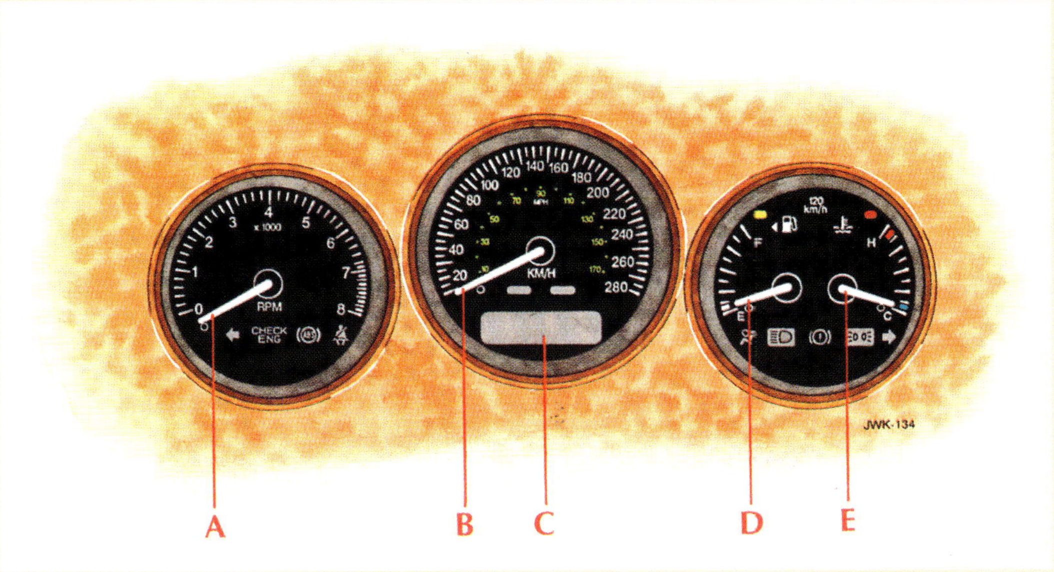

Strumenti

A - Contagiri.
B - Tachimetro.
C - Contachilometri.
D - Indicatore livello di carburante.
E - Termometro refrigerante motore.

F - Manometro olio.
G - Orologio.
H - Voltmetro.

Instruments

A - Tachometer.
B - Speedometer.
C - Odometer.
D - Fuel Gauge.
E - Engine coolant.

F - Oil pressure gauge.
G - Clock.
H - Battery condition indicator.

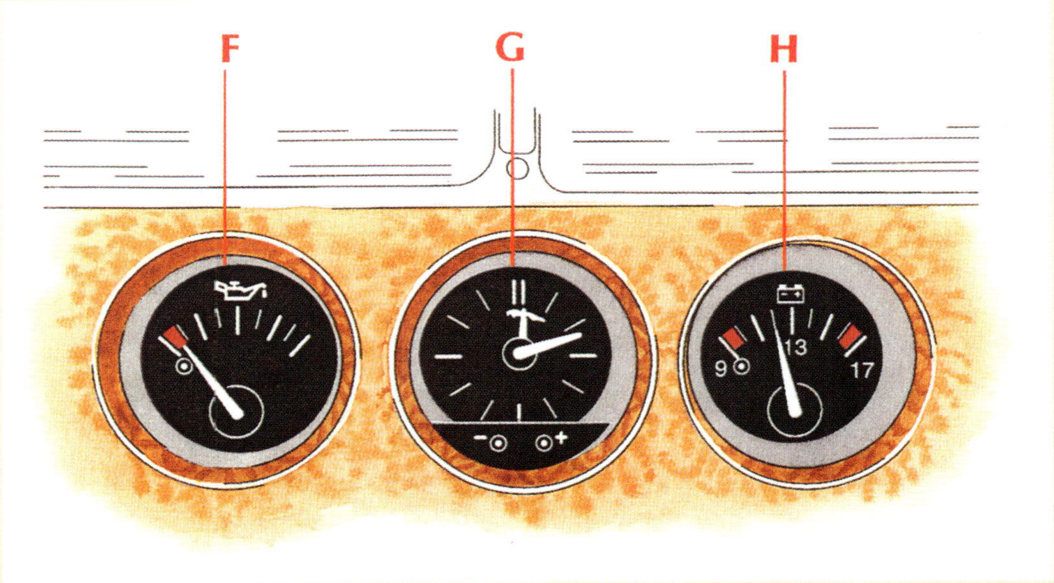

Instruments

A - Compte-tours.
B - Compteur de vitesse.
C - Totalisateur kilométrique.
D - Jauge de niveau de carburant.
E - Thermomètre d'eau.

F - Manomètre d'huile.
G - Montre.
H - Indicateur de charge de la batterie.

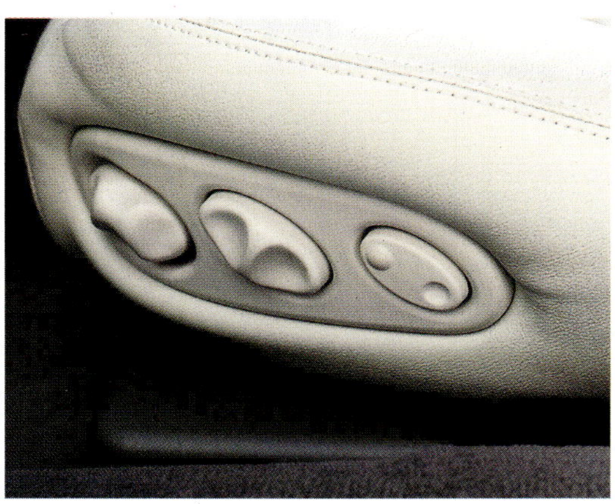

Un buon sedile
non si giudica solo
dalla comodità.
Quelli della XK8
si controllano
elettricamente
e lasciano facile
accesso ai posti
posteriori.
A fianco:la posizione
dei sedili è dotata di
due memorie
confacenti alle
esigenze di
passeggeri diversi.

You can't judge
a seat on comfort
alone. The ones
in the XK8 are
electrically
controlled and
allow easy access
to the rear.
Left, the seat
position is fitted
with two memories
to meet the needs
of different
passengers.

Un bon siège ne se
juge pas seulement
par son confort.
Ceux de la XK8
se commandent
électriquement et
permettent d'avoir
un accès facile aux
places arrière.
Ci-contre, la position
des sièges est
équipée de deux
mémoires pouvant
intégrer les besoins
de passagers
différents.

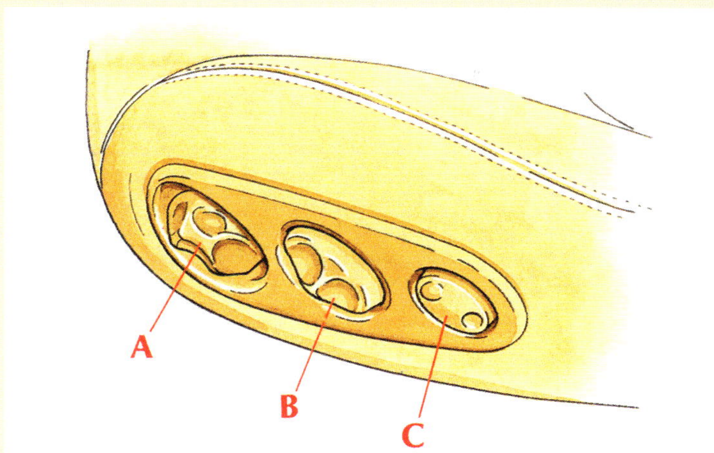

Sedili anteriori - regolazione elettrica

Interruttore A - Regolazione della posizione del cuscino.

Interruttore B - Regolazione inclinazione schienale.

Interruttore C - Regolazione supporto lombare.

Memoria delle posizioni di guida

La posizione del sedile lato guidatore, del volante e dei retrovisori esterni può venire memorizzata e successivamente richiamata. Nella memoria si possono registrare due differenti posizioni di guida.

Front seats - electrical adjustment

Switch A - Seat cushion position control.

Switch B - Seat back angle control.

Switch C - Lumbar support control.

Driving position memory system

The position of the driver's seat, steering column and exterior rear view mirrors can be memorised and recalled. Two different driving position profiles can be entered in the memory.

Sièges avant - réglage électrique

Commutateur A - Position du coussin de siège.

Commutateur B - Angle du dossier de siège.

Commutateur C - Support lombaire.

Système de mémoire des positions de conduite

La position du siège conducteur, de la colonne de direction et des rétroviseurs peut être mémorisée et rappelée. Deux positions de conduite différentes peuvent être mémorisées.

Una sportiva moderna non deve pretendere costantemente una guida impegnativa ma, se necessario, adeguarsi a un uso più rilassato. In questo senso il cruise control è uno strumento utile. Sul volante trovano posto anche i comandi del sistema HI-FI (a lato).

A modern sports car shouldn't require hard driving all the time. If necessary, it should also adapt to a more leisurely style. In this sense, the cruise control comes in very handy (right). The steering wheel also comprises the HI-FI system controls (above).

Une sportive moderne ne doit pas prétendre constamment à une conduite exigeante mais, au besoin, s'adapter à une utilisation plus relaxée. Dans ce sens le cruise control est un instrument qui a son utilité (ci-contre). Sur le volant on trouve aussi les commandes du système HI-FI (ci-dessus).

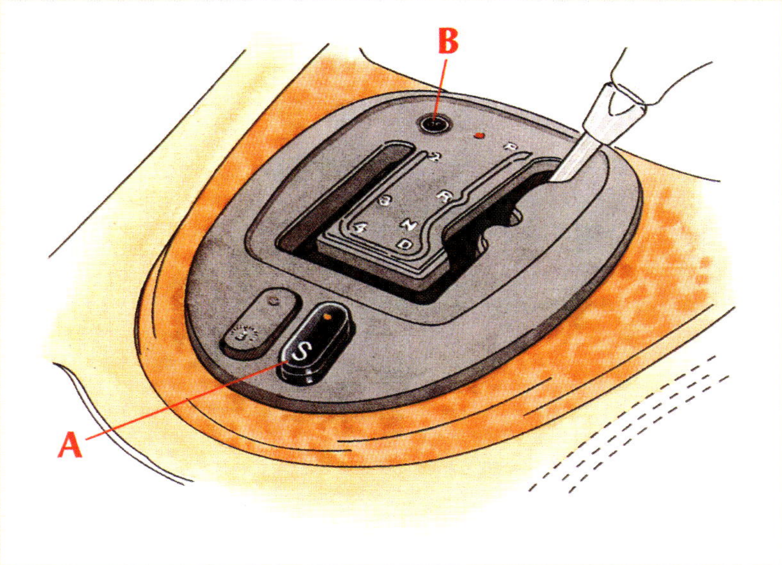

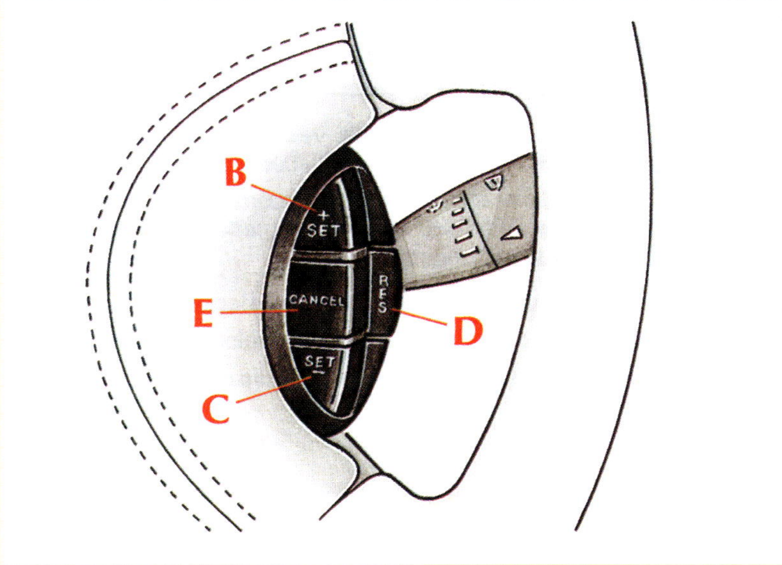

Comando velocità di crociera

Quando è attivata, la funzione comando velocità di crociera mantiene la vettura costantemente alla velocità impostata senza che il conducente debba agire sull'acceleratore. L'attivazione del sistema avviene tramite l'interruttore A (On/Off) situato in corrispondenza del selettore del cambio e tramite i quattro seguenti pulsanti sul volante:

B - Imposta velocità o accelera (SET +).
C - Decelera (SET -).
D - Riprende velocità impostata (RESUME).
E - Annulla senza cancellare velocità memorizzata (CANCEL).

Cruise speed control

The cruise speed control, when activated, mantains a constant road speed without the driver having to use the accelerator. The system is operated by an ON/OFF master switch (A) mounted in the gear selector surround and four control buttons mounted on the steering wheel. These are:

B - Set speed or accelerate (SET +)
C - Decelerate (SET -).
D - Resume set speed (RESUME).
E - Cancels without erasing memorised speed (CANCEL).

Régulateur de vitesse

Lorsqu'il est activé, le régulateur de vitesse maintient une vitesse constante sans que le conducteur ait à utiliser l'accélérateur. Le système est commandé par un commutateur A (On/Off) situé dans la grille du sélecteur de vitesses et par quatre touches de commande montées sur le volant :

B - Programmation de la vitesse ou accélération (SET +).
C - Décélération (SET -).
D - Retour à la vitesse programmée (RESUME).
E - Désactive le régulateur sans effacer la vitesse mémorisée (CANCEL).

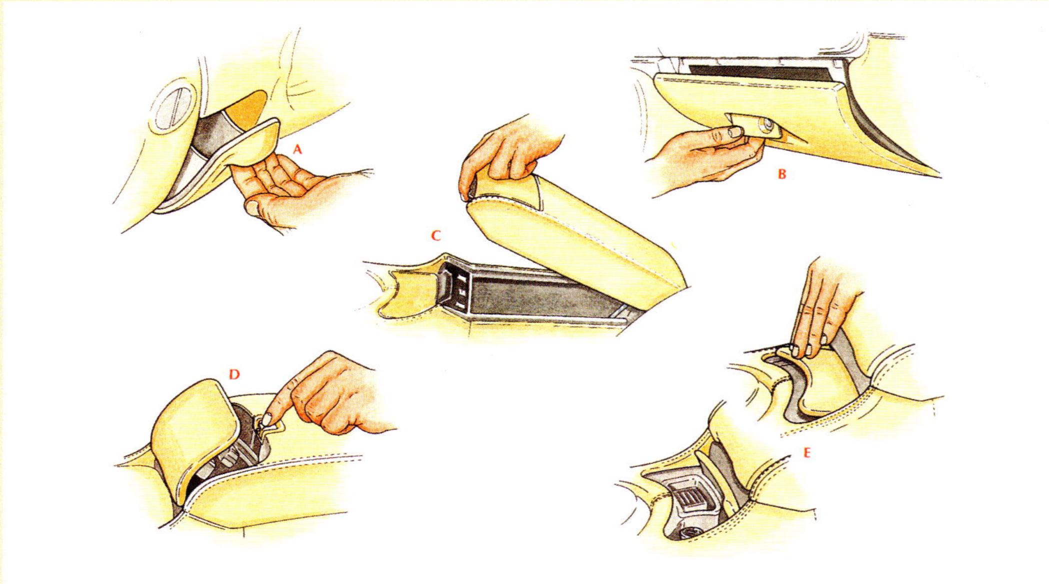

A - Vano per occhiali da sole.
B - Cassetto su plancia.
C - Cassetto su console-bracciolo centrale.
D - Portabicchieri.
E - Portacenere accendisigari.

A - Sunglasses stowage compartment.
B - Glove compartment.
C - Centre console armrest.
D - Cupholder.
E - Ashtray and cigar lighter.

A - Compartiment à lunettes.
B - Boîte à gants.
C - Accoudoir de console centrale.
D - Porte gobelets.
E - Cendrier et allume-cigares.

Gli abitacoli angusti delle sportive spesso impongono molte rinunce. L'XK8 offre un buon livello di funzionalità.

The narrow cabins of sports cars often impose sacrifices. The XK8 offers a good level of functionality.

Les habitacles étroits des sportives imposent souvent de nombreux renoncements. L'XK8 offre un bon niveau de fonctionnalité.

La console intimorisce chi non ne conosce il funzionamento. L'uso, tuttavia, con la pratica non risulta complicato.

The console is intimidating if you don't know how it works, but practice makes perfect.

La console intimide quand on ignore son fonctionnement, mais son utilisation avec un peu de pratique n'est pas compliquée.

Materiali e design dell'abitacolo sono concepiti per accogliere gli occupanti ma anche per invogliarli a spendere sempre più tempo all'interno.

The materials and design of the cabin are designed to house the occupants, but also to make them want to spend more time inside.

Les matériaux et le design de l'habitacle sont conçus pour accueillir les occupants mais aussi pour leur donner envie de passer toujours plus de temps à l'intérieur.

Certe raffinatezze non sono sempre evidenti agli occhi di tutti. Il sofisticato cambio automatico è utilizzabile in modalità automatica o manuale tramite una ghiera selettrice definita a “J”. “J” come Jaguar.

Certain refinements aren’t always immediately visible. The sophisticated gearchange can shift from automatic to manual with the ‘J’ type ring-nut selector. ‘J’ like Jaguar.

Certains raffinements ne sautent pas toujours aux yeux de tout le monde. La boîte automatique sophistiquée peut être utilisée en mode automatique ou manuel à l’aide d’une bague de sélection en forme de “ J ”. “ J ” comme Jaguar.

LA MECCANICA

La Jaguar XK8/XKR è un'automobile sportiva ad alte prestazioni con motore anteriore, trazione posteriore e abitabilità 2+2. La carrozzeria, una monoscocca in acciaio, viene offerta in versione chiusa (coupé) oppure aperta (convertible).

Il motore rappresenta l'ultima novità della tecnica Jaguar in questo settore e, principalmente per adeguarsi alle nuove normative mondiali in termini di emissioni e rumorosità, ha abbandonato la classica architettura a 6 cilindri in linea per passare a un più moderno V8.

È proprio il motore a rendere diverse le due versioni della Jaguar XK, anche se la base è la stessa: la XK8 ha alimentazione atmosferica, la XKR monta invece un compressore volumetrico. Questo rende ragione delle maggiori prestazioni, oltre che del più alto prezzo, di quest'ultimo modello. Il V8 rimane pressochè identico nelle due versioni. È un 4 litri (3996 cm^3) di dimensioni esterne relativamente compatte, con alesaggio e corsa di pari misura (86 mm) nel quale si è cercato di bilanciare più caratteristiche in parte fra loro contrastanti: prestazioni, comfort, affidabilità, compattezza e possibilità di interscambio con la serie delle fortunate berline XJ, nella migliore tradizione delle classiche sportive Jaguar.

In ambedue le versioni, il motore (siglato AJ V8) è costruito in lega d'alluminio, ha due blocchi angolati fra loro di 90°, con distribuzione bialbero per bancata, quattro valvole per cilindro, camicie cilindro rivestite in Nikasil, sistema elettronico integrato di gestione motore.

Varia, naturalmente, la potenza. Il 4 litri aspirato eroga 281 cavalli. Grazie al suo ben installato compressore Roots-Eaton, che segue il principio Roots a lobi adattato agli anni No-

THE MECHANICS

The Jaguar XK8/XKR is a high-performance sports car with a front engine, rear-wheel drive and 2+2 ride space. The body, a steel monocoque, is offered in closed or open versions (a coupé and a convertible respectively).

The engine is the Jaguar's latest technical breakthrough and, largely to adjust to new international emission and noise level standards, has abandoned the classic 6-cylinder in line architecture for a more modern V8.

It is precisely the engine which makes the two versions of the Jaguar XK stand apart, even though the base is always the same. The XK8 has atmospheric fuel feed, whereas the XKR fits a volumetric compressor. Hence the higher performance, not to mention the higher price of the latest model. The two versions of the V8 are virtually identical. The engine is a 4-litre (3996 cm^3) unit with relatively compact external dimensions and equal bore and stroke (86 mm), which seeks to balance contrasting characteristics – performance, comfort, reliability, compactness and possibility of exchanges with the other successful XJ saloons – true to the finest Jaguar classic sports car tradition.

In both versions the engine (the AJ V8) is made of aluminium alloy with two blocks at a 90° angle, twin shaft timing system for each bank, four valves per cylinder, Nikasil-coated cylinder sleeves and an integrated electronic engine management system.

Power of course varies. The aspirated 4-litre unit delivers 281 bhp. Thanks to its well installed Roots-Eaton compressor, which follows the Roots lobe principle, updated for the nineties, the delivery of the XKR reaches 370 bhp (267 kW) at 6150 rpm with a record torque of 505 Nm at 3600 rpm.

LA MÉCANIQUE

La Jaguar XK8/XKR est une voiture de sport offrant de hautes performances avec moteur à l'avant, une propulsion arrière et une habitabilité 2+2. La carrosserie, une monocoque en acier, est offerte en version fermée (coupé) ou bien ouverte (décapotable).

Le moteur représente la dernière nouveauté de la technique Jaguar XK, dans ce secteur et, pour s'adapter aux nouvelles normes mondiales en termes d'émission et de bruit, il a abandonné son architecture classique à 6 cylindres en ligne pour passer à un V8 plus moderne.

C'est justement le moteur qui différencie les deux versions de la Jaguar XK, même si la base est toujours la même : la XK8 a une alimentation atmosphérique, la XKR monte, elle, un compresseur volumétrique. Ceci explique la différence des performances, en plus que du prix plus élevé, de ce dernier modèle. Le V8 est à peu près identique dans les deux versions. C'est un 4 litres (3996 cm^3) aux dimensions extérieures relativement compactes, avec un alésage et une course égale (86 mm) où l'on s'est efforcé d'équilibrer plusieurs caractéristiques partiellement contradictoires : performances, confort, fiabilité, compacité et possibilités d'échange avec la série des heureuses berlines XJ, dans la meilleure tradition des Jaguar de sport classiques.

Dans les deux versions, le moteur (qui porte le sigle AJ V8) est construit en alliage d'aluminium, il a deux blocs opposés entre eux à 90 degrés, avec une distribution à double arbre par banc, quatre soupapes par cylindre, les chemises des cylindres revêtues en Nikasil, un système électronique intégré de gestion du moteur.

La puissance naturellement varie avec les versions. Le 4 litres atmosphérique développe

Sopra. Vista del motore AJ (Advanced Jaguar) V8 in versione aspirata. Cilindrata di 4 litri, doppio albero a camme in testa, 4 valvole per cilindro. Potenza erogata di 281 CV a un regime di 6100 giri.

Above, view of the aspirated version of the AJ (Advanced Jaguar) V8 engine, with a cylinder capacity of 4 litres, DOHC, 4 valves per cylinder and power delivery of 281 bhp at 6100 rpm.

Ci-dessus. Vue du moteur AJ (Advanced Jaguar) V8 en version atmosphérique. Cylindrée de 4 litres, double arbre à cames en tête, 4 soupapes par cylindre. Puissance développée de 281 ch à un régime de 6100 tours.

A fianco. Il motore 4 litri è disponibile anche in versione sovralimentata (XKR) da 358 CV, una potenza superiore del 28% rispetto all'aspirato. La sovralimentazione avviene tramite compressore Roots Eaton M112.

Here, the 4 litre engine is available in a supercharged (XKR) version with 358 bhp, 28% more than the aspirated unit. The supercharging takes place through a Roots Eaton M112 compressor.

Ci-contre. Le moteur 4 litres est disponible aussi en version suralimentée (XKR) de 358 ch, une puissance de plus de 28% de celle du moteur atmosphérique. La suralimentation se fait grâce au compresseur Roots Eaton M112.

Vista esplosa dell'8 cilindri 4 litri della XK8. La struttura del motore è costituita da cinque elementi: blocco cilindri, basamento, carter inferiore e due testate. La costruzione è completamente in alluminio, allo scopo di ridurre il peso complessivo del propulsore che si assesta sui 200 kg.

An exploded view of the 8 cylinder, 4 litre engine of the XK8. The structure of the engine is made up of five elements: the cylinder block, the bed, the lower crankcase and two heads. The engine is made entirely of aluminium to reduce the total weight of the unit to around 200 kg.

Éclaté du 8 cylindres 4 litres de la XK8. La structure du moteur est constituée par cinq éléments : bloc cylindres, socle, carter inférieur et deux culasses. La construction est complètement en aluminium, dans le but de réduire le poids global du propulseur qui tourne autours de 200 kg.

Spaccato del motore V8 della XK8. Si noti il comando della distribuzione a catena.

Cross-section of the XK8's V-8 engine. Note the chain timing system control.

Coupe du moteur V8 de la XK8. On remarquera la commande de la distribution à chaîne.

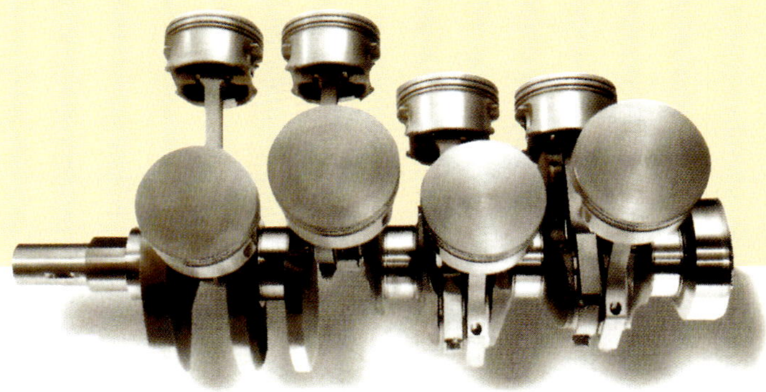

Sopra. I pistoni sono in lega di alluminio pressofuso, le bielle in acciaio forgiato. A fianco. La testata con doppio albero a camme in testa.

Above, the pistons are made of pressure die-cast aluminium alloy and the connecting rods of forged steel and left, the DOHC head.

Ci-dessus. Les pistons sont en alliage d'aluminium coulés sous pression, les bielles en acier forgé. Ci-contre. La culasse à double arbre à cames en tête.

Il motore AJ6 a 6 cilindri in linea mandato in pensione dal nuovo V8 che rispetto al suo predecessore è più corto e più leggero.

The AJ6 6-cylinder in line engine put to rest by the V-8, which is shorter and lighter.

Le moteur AJ6 à 6 cylindres en ligne mis à la retraite par le nouveau V8 qui est plus court et plus léger que son prédécesseur.

vanta, quello della XKR arriva a 370 cavalli (267 kW) a 6150 giri, con una coppia davvero da primato, 505 Nm a 3600 giri.

Il motore è sistemato longitudinalmente, relativamente arretrato nel suo alloggiamento per migliorare la distribuzione dei pesi. Il cambio è automatico, a cinque rapporti; per sopportare la maggior coppia del motore R, su questo modello è stato adottato un cambio costruito dalla Daimler-Benz (è quello che la Casa tedesca ha installato sulla sua S600 a 12 cilindri). La sua leva di comando scorre nell'indovinato selettore a "J" che la Jaguar utilizza anche sulle berline da molti anni e con crescente apprezzamento. L'idea è semplice e, a suo modo, geniale: in pratica esistono due selettori paralleli uniti, posteriormente, da una

Il motore della XK8 è dotato di fasatura variabile, soluzione che aumenta la coppia anticipando il movimento degli alberi a camme. Nel disegno a fianco l'attuatore idraulico di questo sistema.

The engine is situated longitudinally with relatively backward housing to improve weight distribution. The gear change is automatic with five speeds. To support the higher torque of the R engine, a Daimler-Benz-built gearbox has been adopted on this model (the same one the German company installed on its S600 12-cylinder model). Its control lever slides into the clever J-shaped selector which Jaguar has used on its saloons with burgeoning success for many years. The idea is simple and, in its own way, ingenious. In practice, two parallel selec-

The engine of the XK8 has variable phasing, a solution which increases torque anticipating the movement of the camshafts. In the drawing, the hydraulic system actuator.

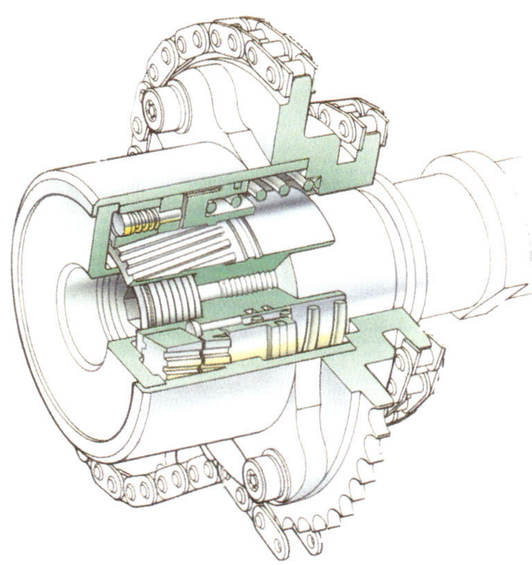

281 chevaux : grâce à son compresseur Roots-Eaton bien installé, qui suit le principe Roots à lobes adapté aux années quatre-vingt dix, celui de la XKR arrive à développer 370 ch (267 kW) à 6150 tours, avec un couple vraiment record, 505 Nm à 3600 tours.

Le moteur est disposé longitudinalement, relativement reculé dans son logement, ce qui permet d'améliorer la répartition des poids. La boîte est automatique, à cinq rapports; afin de supporter le couple du moteur R plus important, une boîte construite par Daimler-Benz a été adoptée sur ce modèle (il s'agit de celui que la firme allemande a installé sur sa S600 à 12 cylindres). Son levier de commande court dans le sélecteur en " J " très réussi que Jaguar utilise aussi sur les berlines depuis de nombreuses an-

Le moteur de la XK8 est équipé d'un variateur de phase, solution qui augmente le couple en anticipant le mouvement des arbres à cames. Dans le dessin ci-contre l'actuateur hydraulique de ce système.

corsia orizzontale per fare passare la leva dall'uno all'altro. La "corsia" di destra ha le posizioni "P", "R", "N", "D", quella di sinistra ha le marce "4", "3" e "2" che diventano così selezionabili come in un cambio sequenziale, ma senza il pericolo, sempre presente sugli automatici che hanno tutte le posizioni in fila, di inserire per sbaglio la "folle" o addirittura la retromarcia, con i problemi che si possono facilmente intuire.

Il vano motore della XK8 permette un facile accesso alle parti meccaniche principali del suo propulsore, per la manutenzione corrente. Il compressore volumetrico, e le sue necessarie condutture e tubazioni, complicano solo modestamente le stesse operazioni nella XKR, anche se il vano motore appare più pieno.

La potenza del motore, dopo il "trattamento" del cambio, passa alle ruote posteriori tramite l'albero di trasmissione e il differenziale, autobloccante. È previsto, di serie, un dispositivo di controllo elettronico della trazione (ASC/TC), eventualmente disinseribile, che agisce come antipattinamento.

Le sospensioni sono indipendenti sulle

tors are joined at the rear by a horizontal track so that it is possible to shift the lever from one to the other. The right track contains the 'P', 'R', 'N' and 'D' positions, the left one the '4', '3' and '2' gears, which can thus be selected as in a sequential change, but without the danger typical of automatic gearboxes with positions in a row, of engaging neutral or even reverse by mistake – with problems that are easily imaginable!

The engine compartment of the XK8 allows easy access to the main mechanical parts of the unit for routine maintenance. The volumetric compressor with its hoses and ducts makes the same operations only slightly more complicated in the XKR, though the engine compartment obviously looks fuller.

Through the gearchange, the engine power reaches the rear wheels through the driving shaft and the limited slip differential. An electronic traction control device (ASC/TC) is available as standard, if need be it can be disengaged to prevent skidding.

The suspensions are independent on all four wheels with twin trapezoidal arms superim-

nées, de plus en plus apprécié. L'idée simple est, à sa façon, géniale : en pratique il y a deux sélecteurs parallèles unis, à l'arrière, par un raccord horizontal qui permet de faire passer le levier de l'un à l'autre. La voie de droite a les positions " P ", " R ", " N ", " D ", celle de gauche les vitesses " 4 ", " 3 " et " 2 ", qu'il est alors possible de sélectionner comme dans une boîte en séquence, mais sans le risque, toujours présent sur les automatiques qui ont les positions les unes à la suite des autres, de passer au point mort ou même en marche arrière par erreur, avec les problèmes que l'on imagine facilement.

Les parties mécaniques principales du moteur de la XK8 sont facilement accessibles pour l'entretien courant . Le compresseur volumétrique avec ses inévitables conduits et tubulures ne complique que légèrement les mêmes opérations dans la XKR, même si le compartiment moteur apparaît évidemment beaucoup plus plein.

Après le " traitement " de la boîte, la puissance du moteur est transmise aux roues arrière par l'arbre de transmission et le différentiel autobloquant. Il a été prévu de monter un dispositif de contrôle électronique de la traction

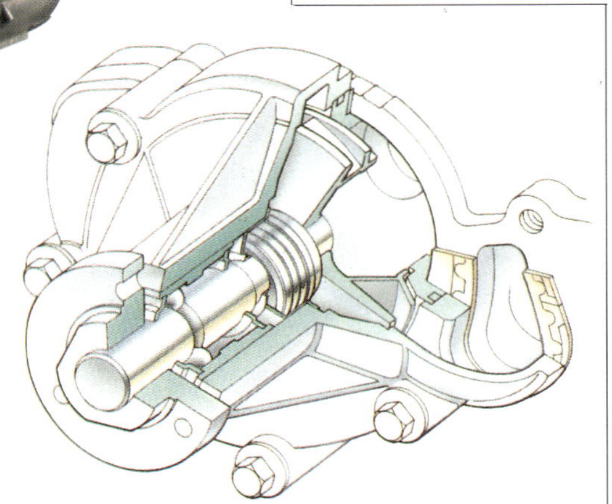

In evidenza nel disegno il circuito di raffreddamento del motore capace di raggiungere in soli 4 minuti la temperatura di regime riducendo le emissioni nocive e proteggendo il motore da sforzi eccessivi a freddo. Sotto. La pompa dell'acqua di questo innovativo sistema.

The drawing highlights the cooling circuit, which is capable of reaching the right running temperature in just 4 minutes, thus reducing harmful emissions and protecting the engine from overworking when cold. Below, the innovative system's water pump.

On voit bien dans le dessin le circuit de refroidissement du moteur capable d'arriver en à peine 4 minutes à la température de régime en réduisant ainsi les échappements nocifs et en protégeant le moteur d'efforts excessifs à froid. Ci-contre, la pompe de l'eau de ce système innovateur.

quattro ruote, con doppi bracci trapezoidali sovrapposti su ambedue gli assali, con geometria anti-beccheggio e anti-affondamento. Per un miglior controllo delle ruote sono installati ammortizzatori telescopici, molle elicoidali e barre stabilizzatrici, che, in unione con il sistema computerizzato di controllo attivo delle sospensioni (CATS, di serie sulla XKR, optional sulla XK8) e al controllo di trazione, garantiscono un'ottima tenuta di strada e una grande guidabilità in ogni condizione. Anche i freni, naturalmente, sono stati curati in proporzione alle prestazioni di queste veloci vetture: quindi dischi autoventilanti di grande diametro sulle quattro ruote, il cui raffreddamento è aiutato dall'aria portata da apposite prese dinamiche, con servofreno a depressione e ABS.

Per meglio adattare la XK allo spirito dei vari guidatori, sono disponibili varie gommature. È un'idea intelligente, perché permette di accontentare chi vuole le gomme extraribassate a ogni costo e anche chi, con atteggiamento più equilibrato, preferisce il ragionevole compromesso fra prestazioni e comfort offerto dalle coperture "normali". La XK8 monta quindi

posed over both axles, with anti-pitching and anti-sinking geometries. For better wheel control, telescopic dampers, helicoidal springs and stabiliser bars have been installed. Combined with the computerised active suspension control system (CATS, standard on the XKR, optional on the XK8) and traction control, they ensure optimal roadholding and great handling in any conditions. The brakes too of course have been developed to match the performance of these fast cars; hence wide-diameter, self-ventilating discs on all four wheels with cooling helped by air from special dynamic intakes, vacuum servobraking and ABS.

To better adapt the XK to the spirit of different drivers, various tyres are available. The idea is an intelligent one because it satisfies both those who want extra-low tyres at all costs and more balanced buyers who prefer the reasonable compromise between performance and comfort offered by 'normal' tyres. The XK8 thus mounts standard 17" Pirelli PZero tyres (measurement: 245/50 ZR 17) with analogous versions on 18" rims on request.

The XKR is the first Jaguar to mount Pirelli

(ASC/TC) en série, qu'il est possible de désengager, et qui sert de dispositif anti-patinage.

Les suspensions sont indépendantes sur les quatre roues, avec doubles bras trapézoïdaux superposés sur les deux axes, avec une géométrie anti-plongeante et anti-enfoncement. Pour avoir un meilleur contrôle des roues des amortisseurs télescopiques, des ressorts hélicoïdaux et des barres stabilisatrices ont été installés, éléments qui, avec le système informatique de contrôle actif des suspensions (CATS, monté de série sur la XKR, en option sur la XK8) et le contrôle de traction, garantissent une excellente tenue de route et une grande maniabilité dans toutes les conditions. Les freins ont eux aussi fait l'objet d'attentions dignes des performances de ces voitures rapides : on trouve donc des disques auto-ventilants de grand diamètre sur les quatre roues, dont le refroidissement est facilité par l'air amené par des prises dynamiques spécialement étudiées à cet effet, avec un freinage assisté à dépression et ABS.

Afin de mieux adapter la XK à l'esprit des différents conducteurs, plusieurs équipements pneumatiques sont disponibles. C'est une idée intelligente, parce qu'elle permet de satisfaire les

Le vetture sportive subiscono accelerazioni in curva superiori, a volte a 1 g, e il sistema di lubrificazione ne soffre. Sulla XK8 è stato sviluppato un sistema che mette al riparo il motore da spiacevoli conseguenze. Nel disegno ne è evidenziato il circuito.

When cornering, sports cars undergo accelerations sometimes in excess of 1 g and the lubrication systems suffers as a result. On the XK8 a system has been developed which protects the engine from unpleasant consequences. The drawing highlights the circuit.

Les voitures de sport subissent des accélérations en courbe qui dépassent parfois 1 g, et le système de lubrification en souffre. Sur la XK8 un système a été développé qui protège le moteur de conséquences désagréables. Dans le dessin le circuit en a été mis en évidence.

IL CAMBIO
Grazie al nuovo tipo di griglia a "J" il selettore consente con facilità due diverse tecniche di guida, come segue:
1. Selezione automatica: selettore destro
2. Selezione manuale: selettore sinistro

1. Selezione automatica.
"P" - Parcheggio, "R" - Retromarcia, "N" - Folle, "D" - Marcia normale (5 rapporti). Con marcia in "D" si può spostare il selettore in selezione manuale "4".

2. Selezione manuale
"2", "3", "4" – In questa posizione il cambio funziona in modo automatico però non utilizza rapporti più elevati di quello selezionato. Resterà inibito il passaggio alla quinta finché il selettore non è riportato in posizione "D".

Modalità Sport
L'interruttore "A" consente di selezionare il modo normale "N" oppure sport "S". Quando è selezionata la modalità sport, il cambio automatico funziona normalmente con la differenza che i cambi di marcia avvengono a regimi più elevati per sfruttare a pieno la potenza del motore.

AUTOMATIC TRANSMISSION
The 'J' gate gear selector lever is designed to accomodate two different driving techniques as follows:
1. Automatic selection: right-hand side
2. Manual selection: left-hand side

1. Automatic selection.
'P' - Park, 'R' - Reverse, 'N' - Neutral, 'D' - Drive (5 gears). When driving in gear position 'D' the gear selector can be shifted horizontally across the gate to '4'.

2. Manual selection
'2', '3', '4' – If selected the transmission operates automatically but will not engage gears higher than the one selected. Fifth will be inhibited until the gear selector is moved back to 'D'.

Sport mode
Switch 'A' selects either normal 'N' or Sport 'S' mode. When sport mode is selected the gear shift points are extended to make full use of the engine's power reserves.

TRANSMISSION AUTOMATIQUE
Le levier grille de sélecteur en " J " est concu pour permettre les deux techniques de conduite différentes suivantes:
1. Sélection automatique: grille de sélecteur droite
2. Sélection manuelle: grille de sélecteur gauche

1. Sélection automatique
" P " - Parking, " R " - Marche arrière, " N " - Point mort, " D " - Marche avant normale (5 vitesses). Si l'on conduit avec le sélecteur sur " D ", cinquième rapport engagé, il est possible de déplacer le sélecteur latéralement sur la position " 4 ".

2. Sélection manuelle
" 2 ", " 3 ", " 4 " – La transmission fonctionne automatiquement mais ne passe pas sur les rapports plus hauts que la position sélectionnée. La transmission ne repassera alors plus en cinquième tant que le sélecteur ne sera pas ramené sur "D".

Mode Sport
Le commutateur " A " sélectionne le mode normal " N " ou sport " S ". Lorsque le mode sport est sélectionné, la transmission automatique fonctionne normalement, mais les passages aux rapports supérieurs se font à un régime plus élevé pour permettre une exploitation maximale des réserves de puissance du moteur.

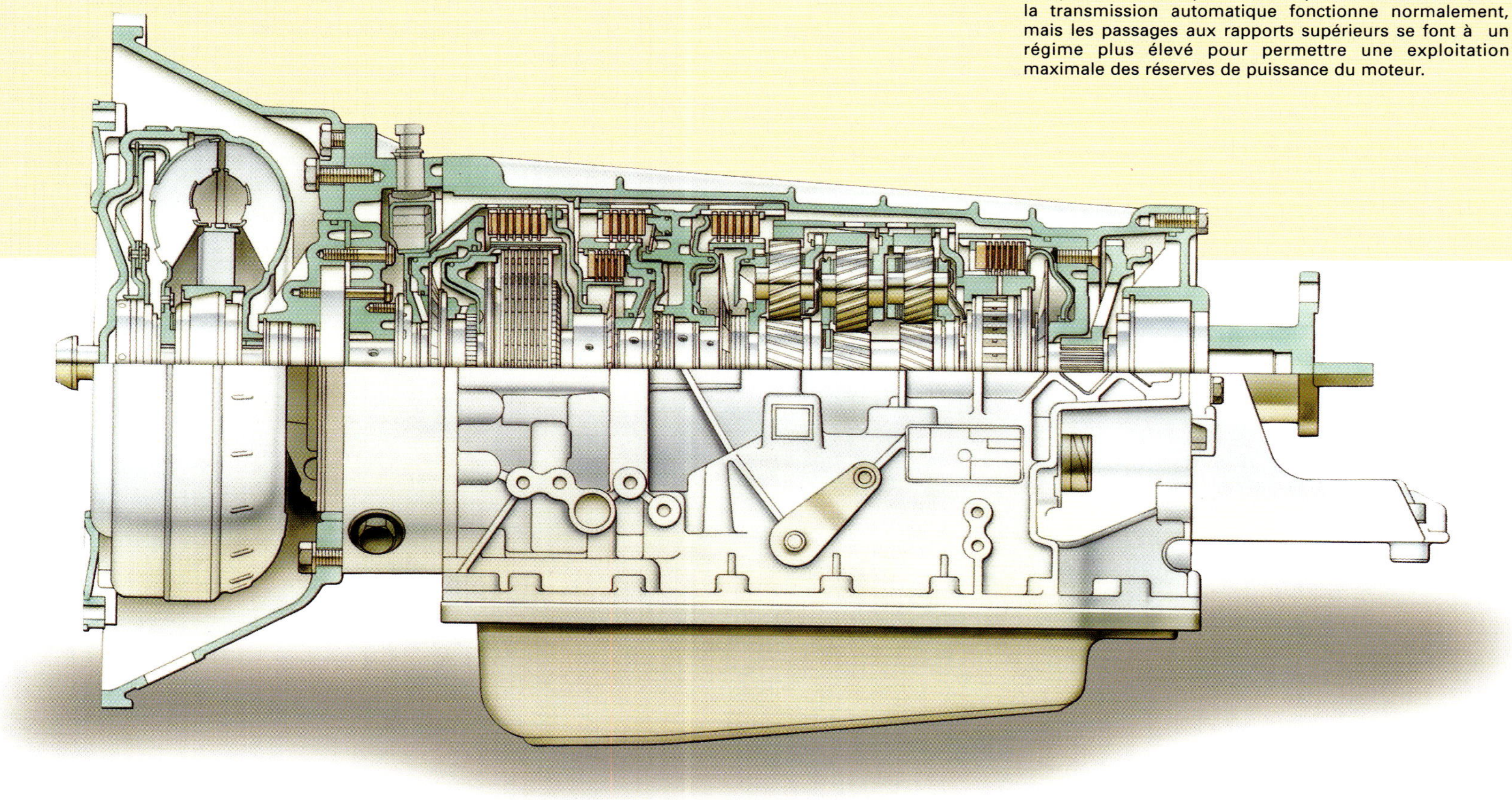

Sezione del cambio automatico a 5 velocità. Il cambio è dotato di una gestione elettronica intelligente che controlla e seleziona i rapporti in relazione a diversi parametri di guida.

Cross-section of the automatic 5-speed gearbox, equipped with an intelligent electronic management unit which controls and selects gears in relation to several parameters.

Section de la boîte automatique à 5 vitesses. La boîte est équipée d'une gestion électronique intelligente qui contrôle et sélectionne les rapports en fonction de plusieurs paramètres.

La frizione a slittamento limitato di concezione avanzata consente il bloccaggio quasi completo alle basse velocità con le marce alte innestate migliorando i consumi e la fluidità di marcia.

The modern clutch with limited sliding locks almost totally at low speeds with high gears engaged, thus improving consumption and drive fluidity.

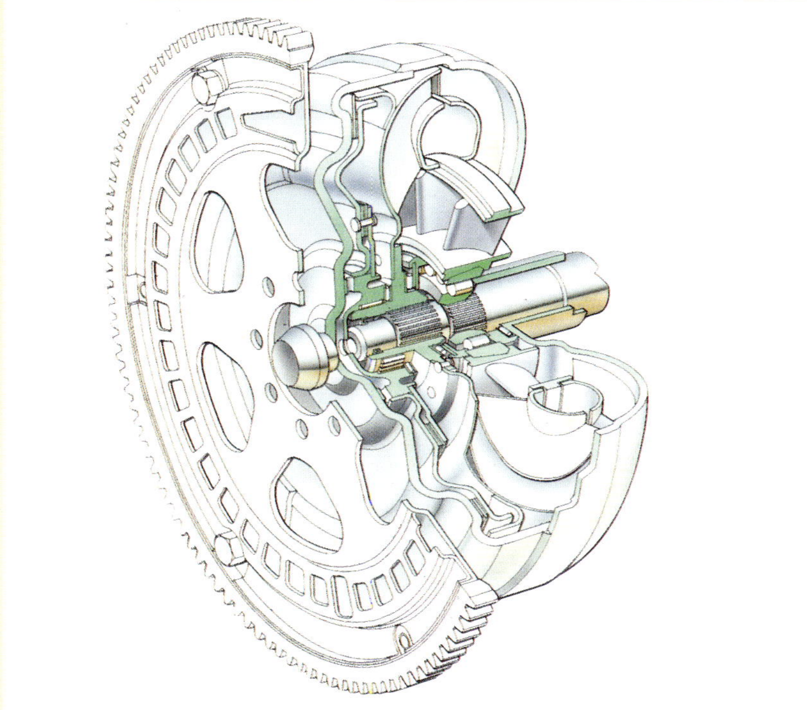

L'embrayage à patinage limité, solution conceptuelle de pointe, permet le blocage presque complet aux basses vitesses avec les vitesses élevées engagées en améliorant les consommations et la fluidité de la marche.

Pirelli PZero da 17" di serie (misure dei pneumatici: 245/50 ZR 17), con coperture analoghe su cerchi da 18" a richiesta.

La XKR è la prima Jaguar a montare di serie i pneumatici Pirelli PZero System: le ruote anteriori montano gomme di misura 245/45 ZR 18 tipo Direzionale, quelle posteriori 255/45 ZR 18 tipo Asimmetrico. Tale differenziazione risponde alla conclamata esigenza di dare ai due assali coperture con comportamenti più adatti alle specifiche funzioni.

I cerchi in lega della XK8 sono, naturalmente, diversi da quelli della XKR. Ma è tutto l'assetto che è stato differenziato in maniera molto spiccata: se la XK8 risponde alle esigenze della vera granturismo, la XKR, senza scordarsi di trattare al meglio i suoi passeggeri, deve però anche domare i suoi 358 cavalli, e questo richiede alcuni accorgimenti a livello di telaio e sospensioni, soprattutto per quanto riguarda l'irrigidimento delle barre di torsione e la taratura delle molle.

Tutta la gamma XK, come quella delle più recenti berline XJ8, beneficia di una profonda opera di ripensamento della circuitazione elet-

PZero System tyres as standard. The front wheels mount Direzionale-type 245/45 ZR 18 tyres, while the rear wheels mount Asimmetrico-type 255/45 ZR 18 tyres. This differentiation responds to the self-evident need to provide the two axles with tyres suitable for specific functions.

The alloy rims of the XK8 are, of course, different from those of the XKR. But the whole set-up has been clearly differentiated. If the XK8 responds to the needs of the true GT, the XKR has to 'tame' its 358 bhp without forgetting to treat its passengers with kid gloves. All of which requires special devices at chassis and suspension level, especially in terms of the rigidity of the torsion bars and the gauging of the springs.

The whole XK range, like that of the more recent XJ8 saloons, benefits from a profound overhaul of the electrical circuit. To eradicate the problems of unreliability which impaired the reputation of these Coventry-made cars in the past, the designers of the present Jaguars had to work busily in collaboration with the specialists of the U.T. Automotive sector. The

utilisateurs qui recherchent des pneus surbaissés à tout prix, mais aussi ceux dont l'attitude est plus équilibrée et qui préfèrent le compromis raisonnable entre les performances et le confort offert par les pneus normaux. La XK8 est équipée de Pirelli PZero 17" de série (mesure des pneumatiques: 245/50 ZR 17), avec des pneus analogues sur des jantes de 18" sur demande.

La XKR est la première Jaguar à être équipée en série des pneumatiques Pirelli PZero System : les roues avant sont équipées de pneus 245/45 ZR 18 Direzionale, les roues arrière de 255/45 ZR 18 Asimmetrico. Cette différenciation répond à la nécessité de donner aux deux essieux des couvertures des pneus ayant des comportements mieux adaptés aux fonctions spécifiques.

Les jantes en alliage de la XK8 sont, naturellement, différentes de celles de la XKR. Mais c'est toute l'assiette qui a été différenciée de manière très poussée : si la XK8 répond aux besoins d'une véritable grand tourisme, la XKR, sans oublier de traiter ses passagers au mieux, doit toutefois aussi dompter ses 358 chevaux, et ceci demande de prendre plusieurs dispositions au niveau du châssis et des suspensions, surtout

Lo scheletro meccanico della XK8. Motore anteriore con cambio in blocco, trazione posteriore. Ripartizione dei pesi predominante sull'asse anteriore, per privilegiare la semplicità costruttiva, anziché il più costoso schema transaxle con cambio al posteriore in blocco col differenziale.

The mechanical skeleton of the XK8. A front engine with a monobloc gearbox and rear traction. Most of the weight is on the front axle to simplify the build, a solution which has been preferred to the more expensive transaxle system with a single rear gearbox-differential block.

Le squelette
mécanique de la
XK8. Moteur avant
avec boîte en bloc,
traction arrière.
Répartition des
poids prédominante
sur l'essieu avant,
pour privilégier
la simplicité de
construction, au lieu
du schéma plus
coûteux trasaxle
avec boîte à l'arrière
faisant bloc avec
le différentiel.

Rispetto al precedente modello XJ-S la scocca autoportante della XK8 presenta elevati valori di resistenza strutturale pur con una riduzione del numero di pannelli del 30%. La sicurezza passiva è garantita anche da elementi laterali antiintrusione e dal piantone dello sterzo collassabile.

With respect to the previous XJ-S model, the self-supporting body of the XK8 has high structural resistance, despite a 30% reduction in the number of panels. Passive safety is ensured by anti-intrusion side panels and the collapsible steering column.

Par rapport au précédent modèle XJ-S, la coque autoporteuse de la XK8 présente des valeurs de résistance structurelles élevées tout en ayant une réduction du nombre de panneaux de 30%. La sécurité passive est garantie aussi par des éléments latéraux anti-intrusion et par le gros arbre de la direction qui s'efface en cas de collision.

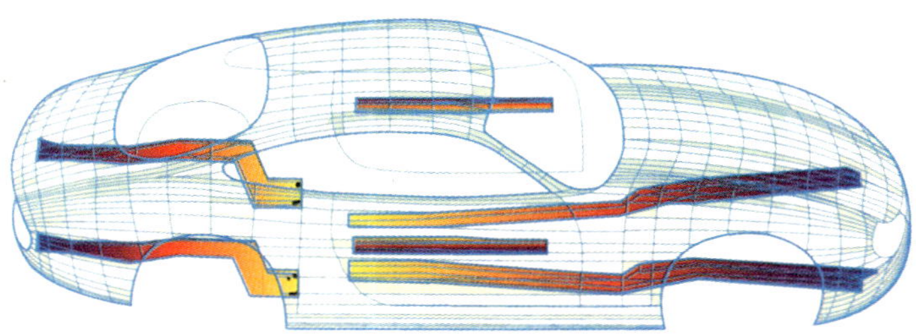

IL SISTEMA CATS

Il CATS (sospensioni attive computerizzate) è disponibile come optional sulla XK8 e di serie sulla XKR. Il funzionamento dell'impianto CATS è completamente automatico, non può essere disinserito e non richiede l'intervento del guidatore.
Gli ammortizzatori svolgono un ruolo cruciale nel controllo della vettura. Grazie al controllo attivo computerizzato hanno due modalità di funzionamento, decise di volta in volta dalla centralina che seleziona automaticamente le opzioni migliori da applicare a seconda delle condizioni di guida per ottimizzare comfort e maneggevolezza. Al variare delle condizioni di guida gli ammortizzatori vengono fatti passare da una taratura rigida a una morbida. Alla partenza si trovano sempre su quella rigida. Cambiano quando la vettura viaggia a più di 8 km/h in rettilineo e su terreno pianeggiante. Quando il veicolo subisce un sobbalzo per le condizioni del terreno gli ammortizzatori passano automaticamente, in pochi microsecondi, sulla taratura dura per smorzare il conseguente contraccolpo. Questa funzione viene attivata anche quando si effettuano curve e frenate riducendo il rollio e assicurando una notevole stabilità. L'intervento del CATS è interfacciato a quello dell'ABS del controllo di trazione per evitare cambiamenti di rigidità degli ammortizzatori mentre sono in funzione i sistemi suddetti.

THE CATS SYSTEM

CATS (Computerised Active Suspensions) are available as an option on the XK8 and as standard on the XKR. The CATS systems works entirely automatically, cannot be disengaged and requires no intervention whatsoever by the driver.
The computerised active control shock absorbers play a crucial role in controlling the car. They work in two ways, which are established as the occasion demands by the central control unit, which automatically selects the best options to apply according to road conditions, thus optimising driving comfort and handling. As driving conditions vary, so the shock absorbers shift from a rigid to a soft setting. When the car starts, they are always on the rigid setting. They change when the car travels at more than 8 km/h on straight or level roads. When the vehicle jumps on bumpy surfaces, the shock absorbers shift automatically, in a matter of microseconds, to the hard setting to dampen the consequent counterblow. This function is also activated when cornering and braking to reduce roll and ensure stability. The intervention of CATS system is interfaced with the ABS of the traction control to avoid changes in the rigidity of the shock absorbers when the above-mentioned systems are at work.

LE SYSTÈME CATS

Le système des CATS (Suspensions actives informatisées) est disponible en option sur la XK8 et de série sur la XKR. Le fonctionnement du système est complètement automatique, il ne peut être exclu et ne demande aucune intervention du conducteur.
Les amortisseurs jouent un rôle crucial dans le contrôle de la voiture. Ils sont à contrôle actif informatisé et ils ont deux modalités de fonctionnement, décidées au coup par coup par l'ordinateur de bord qui sélectionne automatiquement les meilleures options à appliquer selon les conditions de conduite pour optimiser le confort et la maniabilité. La dureté ou la souplesse du réglage des amortisseurs varie selon la conduite. Au départ ils se trouvent toujours réglés en position rigide. Ils changent quand la voiture dépasse les 8 km/h en ligne droite et sur terrain plat. Quand le véhicule subit un soubresaut du fait de l'état du terrain, les amortisseurs passent automatiquement, en quelques microsecondes, sur le réglage dur pour amortir le contrecoup qui s'ensuit. Cette fonction est activée même dans la négociation des courbes et des freinages en réduisant le roulis et en assurant une stabilité remarquable. L'intervention du système CATS est couplée avec l'ABS du contrôle de traction, ce qui permet d'éviter les modifications de la rigidité des amortisseurs pendant le fonctionnement de ces systèmes.

trica. Allo scopo di eliminare alle radici i problemi di inaffidabilità che nel passato avevano intaccato la reputazione delle auto di Coventry, i progettisti delle attuali Jaguar hanno compiuto un intenso lavoro in collaborazione con gli specialisti del settore della U.T. Automotive: l'avanzato PSDS (Power and Signal Distribution System) installato sulle XK è un impianto multiplex, nel quale, grazie alla possibilità di portare più segnali lungo un unico cavo elettrico (*bus*), si è potuto semplificare in maniera sensibile il cablaggio dell'intera vettura, che, di conseguenza, risulta più semplice, leggero e complessivamente affidabile.

advanced PSDS (Power and Signal Distribution System) installed on the XK is a multiplex system which, thanks to its possibility of transmitting more than one signal along a single electrical cable ('bus'), considerably simplifies the wiring of the whole car, making it much lighter and more reliable.

en ce qui concerne le raidissement des barres de torsion et le réglage des ressorts.

Toute la gamme XK; comme celle des plus récentes berlines XJ8, bénéficie d'un travail de réflexion en profondeur sur le circuit électrique. Dans le but d'éliminer radicalement les problèmes de fiabilité qui avaient entaché par le passé la réputation des voitures de Coventry, les concepteurs des actuelles Jaguar ont effectué un travail intense en collaboration avec les spécialistes du secteur de la U.T. Automotive : le système de pointe PSDS (Power and Signal Distribution System) installé sur les XK est une installation multiplex, dans laquelle, grâce à la possibilité d'amener plusieurs signaux le long d'un seul câble électrique (bus), il a été possible de simplifier de manière sensible le câblage de toute la voiture, qui en est, en conséquence, beaucoup plus simple, léger et globalement fiable.

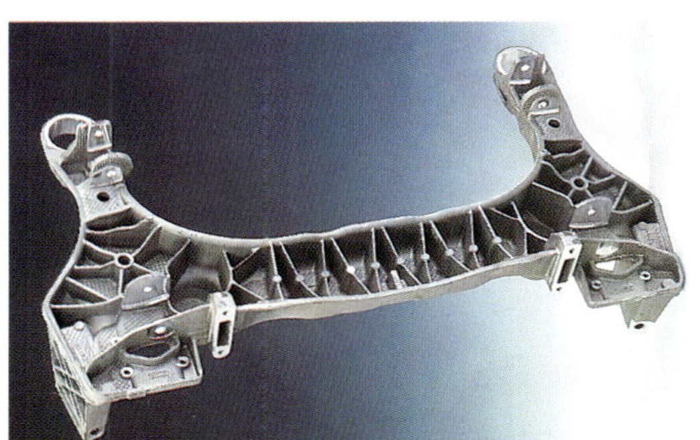

Il telaio ausiliaro sul quale è ancorata e si articola la sospensione anteriore.

The auxiliary frame to which the front suspension is anchored and articulated.

Le châssis auxiliaire sur lequel la suspension avant est ancrée et s'articule.

XK8

CARATTERISTICHE TECNICHE

PRESENTAZIONE
Ginevra, marzo 1996

MOTORE

Numero e disposizione cilindri 8 (V90°)
Installazione anteriore longitudinale
Materiali basamento e testata alluminio
Albero motore 5 supporti di banco
Alesaggio e corsa 86 x 86 mm
Cilindrata 3996 cm³
Rapporto di compressione 10,75:1
Potenza massima 209 kW (281 CV) a 6100 giri/min
Coppia massima 375 Nm a 4250 giri/min
Distribuzione 4 valvole per cilindro a V in testa, 2 alberi a camme in testa per bancata con fasatura variabile (catena)
Alimentazione iniezione elettronica sequenziale Nippondenso EMS e blocco del flusso in decelerazione (multipoint)
Accensione elettronica diretta con una bobina per ogni cilindro, candele NGK BKR5EVxA13, ordine di accensione: 1, 5, 4, 2, 6, 3, 7, 8
Lubrificazione forzata, a carter secco, pompa con girante a lobi
Raffreddamento a liquido, circolazione forzata, 1 radiatore anteriore
Impianto elettrico batteria 12V 72 Ah, alternatore 90 A

TRASMISSIONE

Trazione posteriore, sistema di controllo della trazione (ASC/TC)
Frizione monodisco a secco
Cambio automatico ZF 5HP24 a controllo elettronico (con blocco del convertitore) a 5 rapporti + RM
Rapporti al cambio I= 3.570, II=2.200, III=1.510, IV=1.000, V=0.800, RM= 4.100
Rapporto finale 3.060
Differenziale autobloccante

CORPO VETTURA

Tipo coupé/convertibile 2 posti + 2, Cx= 0.35 (coupé), 0.36 (convertible)
Telaio e materiali monoscocca in acciaio con zone anteriori e posteriori ad assorbimento di energia
Sospensione anteriore ruote indipendenti, con bracci trapezoidali oscillanti diseguali, geometria "antibeccheggio" in frenata, molle elicoidali, ammortizzatori telescopici, barra stabilizzatrice

TECHNICAL SPECIFICATIONS

PRESENTATION
Geneva, March 1996

ENGINE

Cylinders number and disposition V8 (90°)
Position front longitudinal
Crankcase and cylinder head materials aluminium
Crankshaft 5 bearings
Bore and stroke 86 x 86 mm (3.386 x 3.386 in)
Total cylinder capacity 3996 cc (243.9 cu. in)
Compression ratio 10,75:1
Maximum power 209 kW (281 bhp) at 6100 rpm
Maximum torque 375 Nm at 4250 rpm
Timing system 4 overhead V valves per cylinder, DOHC, variable inlet cam phasing (chain-operated)
Fuel system Nippondenso EMS electronic injection with sequential management and flow lock on deceleration (multipoint)
Ignition fully electronic, 1 coil for each cylinder, NGK BKR5EVxA13 spark plugs, firing order: 1, 5, 4, 2, 6, 3, 7, 8
Lubrication forced-feed, dry sump, lobed rotor pump
Cooling system by liquid, forced-feed, 1 front radiator
Electrical equipment 12V 72 Ah battery, alternator 90A

DRIVETRAIN

Drive rear-wheel, traction control system (ASC/TC)
Clutch dry single-plate
Gearbox ZF 5HP24 5-speed automatic + Rev with slip controlled lock-up clutch
Gear ratios I=3.570, II=2.200, III=1.510, IV=1.000, V=0.800, Rev= 4.100
Final ratio 3.060
Differential limited-slip

CAR BODY

Type 2+2 coupé/convertible, Cx= 0.35 (coupé), 0.36 (convertible)
Frame and materials all steel monocoque construction with front and rear crumple zones
Front suspension independent wheels, unequal length upper and lower wishbones, 'anti-dive' effect under braking, coil springs, telescopic dampers, anti-roll bar
Rear suspension independent wheels, with

CARACTERISTIQUES TECHNIQUES

PRESENTATION
Genève, mars 1996

MOTEUR

Nombre et disposition des cylindres 8 en V (90°)
Emplacement avant longitudinal
Matériaux du bloc moteur et culasse aluminium
Vilebrequin sur 5 paliers
Alésage et course 86 x 86 mm
Cylindrée 3996 cm³
Taux de compression 10,75:1
Puissance maximale 209 kW (281 ch) à 6100 tr/min
Couple maxi 375 Nm à 4250 tr/min
Distribution 4 soupapes par cylindre en V en tête, double arbre à cames en tête, variateur de phase (commande par chaîne)
Alimentation injection électronique séquentielle Nippondenso EMS et blocage de la circulation en décéleration (multipoint)
Allumage électronique avec une bobine pour chaque cylindre, bougies NGK BKR5EVxA13, ordre d'allumage : 1, 5, 4, 2, 6, 3, 7, 8
Graissage forcé, à carter sec, pompe avec rotor à lobes
Système de refroidissement par liquide, circulation forcée, 1 radiateur avant
Système électrique batterie 12V 72 Ah, alternateur 90 A

TRANSMISSION

Traction arrière, avec contrôle de traction (ASC/TC)
Embrayage monodisque à sec
Boîte de vitesses automatique ZF 5HP24 électronique (avec blocage du convertisseur) à 5 vit. + MA
Rapports de démultiplication I= 3.570, II=2.200, III=1.510, IV=1.000, V=0.800, RM= 4.100
Rapport final 3.060
Différentiel autobloquant

CORPS VOITURE

Type coupé/convertible 2 places + 2, Cx= 0.35 (coupé), 0.36 (convertible)
Châssis et matériaux monocoque en acier avec zones avant et arrière à absorption d'énergie
Suspension avant roues indépendantes avec bras trapézoïdaux oscillants dissymétriques, géométrie " antiplongeante "en freinage, ressorts hélicoïdaux, amortisseurs télescopiques, barre stabilisatrice

Sospensione posteriore ruote indipendenti con bracci trapezoidali oscillanti inferiori pressofusi, geometria "antibeccheggio" in accelerazione e decelerazione, molle elicoidali, ammortizzatori telescopici, barra stabilizzatrice
Freni idraulico-meccanico a circuito sdoppiato per assali, dischi (28x305 mm) autoventilanti anteriori e posteriori, sistema ABS di serie, freno di stazionamento meccanico indipendente sulle ruote posteriori
Sterzo a cremagliera con servoassistenza proporzionale alla velocità, ø di sterzata 11.5 m
Cerchi di serie: anteriori e posteriori 8Jx17.
In opzione: anteriori 8Jx18, posteriori 9Jx18
Pneumatici di serie: anteriori e posteriori 245/50 ZR 17.
In opzione: Pirelli PZero System: anteriori Direzionali 245/45 ZR 18 96Y, posteriori Asimmetrici 255/55 ZR 18 99Y

DIMENSIONI E CAPACITÀ

Lunghezza 4760 mm
Larghezza 1829 mm
Altezza 1296 mm (convertible 1306 mm)
Passo 2588 mm
Carreggiate ant. e post. anteriore 1504 mm, posteriore 1504 mm
Massa in ordine di marcia 1615 kg (coupé), 1705 kg (convertible)
Sistema di lubrificazione (motore) 6.5 lt
Sistema di raffreddamento 9.5 lt
Serbatoio carburante 75 lt
Bagagliaio 327 dm³ (coupé), 307 dm³ (convertible)

PRESTAZIONI

Velocità massima 251 km/h (coupé), 248 km/h (convertible)
Accelerazione 0-100 km/h 6.7 sec. (coupé), 7.0 sec. (convertible)
0- 400 m 14.8 sec.
0-1000 m 26.9 sec.
Ripresa (in D da 70 a 130 km/h) 7.3 sec.
Frenata (spazio d'arresto a 140 km/h) 68.7 m
Consumi urbano/extraurb./misto (lt/100 km) 18.0/9.1/12.4 (coupé), 17.8/8.9/12.1 (convertible)
Potenza specifica 70.3 CV/lt
Rapporto peso/potenza 5.74 kg/CV (coupé), 6.06 kg/CV (convertible)

wishbones, antisquat and anti-lift under acceleration and braking, coil springs, telescopic dampers, anti-roll bar
Brakes hydraulic with mechanical linkage, dual circuit (front/rear split), self-vented discs (28x305 mm) front and rear, ABS as standard equipment, mechanical parking brake on rear wheels
Steering rack and pinion with variable ratio speed related power assistance, steering ø 11.5 m (36 ft 2 in)
Wheels standard: front and rear 8Jx17.
Optional: front 8Jx18, rear 9Jx18
Tyres standard: front and rear 245/50 ZR 17.
Optional: Pirelli PZero System: front Direzionali 245/45 ZR 18 96Y, rear Asimmetrici 255/55 ZR 18 99Y

DIMENSIONS AND CAPACITIES

Length 4760 mm (187.4 in)
Width 1829 mm (72 in)
Height 1296 mm (convertible 1306 mm) (51/51.4 in)
Wheelbase 2588 mm (101.8 in)
Front and rear tracks front 1504 mm, rear 1504 mm (59.2/59.2 in)
Kerb weight 1615 kg (coupé), 1705 kg (convertible) (3588 lb/3788 lb)
Lubrication system (engine) 6.5 lt (1.43 imp. gal.)
Cooling system 9.5 lt (2.09 imp. gal.)
Fuel tank 75 lt (16.5 imp. gal.)
Luggage compartment 327 dm³ (coupé), 307 dm³ (convertible) (11.5/10.8 cu. ft)

PERFORMANCES

Top speed coupé: 251 km/h (155 mph), convertible: 248 km/h (154 mph)
Acceleration 0-100 km/h 6.7 sec. (coupé), 7.0 sec. (convertible)
0-400 m 14.8 sec.
0-1000 m 26.9 sec.
Pick up (in D from 70 to 130 kph) 7.3 sec.
Braking distance (140 kph) 68.7 m
Consumption urban/extra-urb./mixed (lt/100 km) 18.0/9.1/12.4 (coupé), 17.8/8.9/12.1 (convertible)
Specific power 70.3 bhp/lt
Weight to power ratio 5.74 kg/bhp (coupé), 6.06 kg/bhp (convertible)

Suspension arrière roues indépendantes, avec bras trapézoïdaux oscillants inférieurs coulés sous pression, géométrie " antiplongeante " en accélération et en décélération, ressorts hélicoïdaux, amortisseurs télescopiques, barre stabilisatrice
Freins système hydraulique/mécanique à double circuit réparti par essieux, disques (28x305 mm) autoventilés avant et arrière, ABS en série, frein de stationnement mécanique indépendant sur les roues arrière
Direction à crémaillère avec servocommande proportionnel à la vitesse, ø de braquage 11.5 m
Roues de série : avant et arrière 8Jx17.
En option : avant 8Jx18, arrière 9Jx18
Pneus de série : avant et arrière 245/50 ZR 17, En option : Pirelli PZero System: avant Direzionali 245/45 ZR 18 96Y, arrière Asimmetrici 255/55 ZR 18 99Y

DIMENSIONS ET CAPACITES

Longueur 4760 mm
Largeur 1829 mm
Hauteur 1296 mm (convertible 1306 mm)
Empattement 2588 mm
Voies avant et arrière avant 1504 mm, arrière 1504 mm
Poids à vide 1615 kg (coupé), 1705 kg (convertible)
Système de lubrification (moteur) 6.5 lt
Système de refroidissement 9.5 lt
Réservoir carburant 75 lt
Coffre à bagages 327 dm³ (coupé), 307 dm³ (convertible)

PERFORMANCES

Vitesse maxi 251 km/h (coupé), 248 km/h (convertible)
Accélération 0-100 km/h 6.7 sec. (coupé), 7.0 sec. (convertible)
0-400 m 14.8 sec.
0-1000 m 26.9 sec.
Reprise (en D de 70 à 130 km/h) 7.3 sec.
Freinage (espace d'arrêt à 140 km/h) 68.7 m
Consommations urbain/extraurb./mixte (lt/100 km) 18.0/9.1/12.4 (coupé), 17.8/8.9/12.1 (convertible)
Puissance spécifique 70.3 ch/lt
Rapport poids/puissance 5.74 kg/ch (coupé), 6.06 kg/ch (convertible)

XKR

CARATTERISTICHE TECNICHE

PRESENTAZIONE
Ginevra, marzo 1998

MOTORE

Numero e disposizione dei cilindri 8 a V di 90°
Installazione anteriore longitudinale
Materiali basamento e testata alluminio
Albero motore 5 supporti di banco
Alesaggio e corsa 86 x 86 mm
Cilindrata 3996 cm^3
Rapporto di compressione 9:1
Potenza massima 276 kW (370 CV) a 6150 giri/min
Coppia massima 525 Nm a 3600 giri/min
Distribuzione 4 valvole per cilindro a V in testa, 2 alberi a camme in testa per bancata con fasatura variabile (catena)
Alimentazione iniezione elettronica sequenziale Nippondenso EMS e blocco del flusso in decelerazione (multipoint), sovralimentazione con compressore Eaton
Accensione elettronica diretta con una bobina per ogni cilindro, candele NGK BKR5EVxA13, ordine di accensione: 1, 5, 4, 2, 6, 3, 7, 8
Lubrificazione forzata, a carter secco, pompa con girante a lobi
Raffreddamento a liquido, circolazione forzata, 1 radiatore anteriore
Impianto elettrico batteria 12V 72 Ah, alternatore 90 A

TRASMISSIONE

Trazione posteriore, sistema di controllo della trazione (ASC/TC)
Frizione monodisco a secco
Cambio automatico ZF 5HP24 a controllo elettronico (con blocco del convertitore) a 5 rapporti + RM
Rapporti al cambio I=3.570, II=2.200, III=1.510, IV=1.000, V=0.800, RM=4.100
Rapporto finale 3.060
Differenziale autobloccante

CORPO VETTURA

Tipo coupé/convertibile 2 posti + 2, Cx= 0.35 (coupé), 0.36 (convertible)
Telaio e materiali monoscocca in acciaio con zone anteriori e posteriori ad assorbimento di energia
Sospensione anteriore ruote indipendenti con bracci trapezoidali oscillanti diseguali, geometria "antibeccheggio" in frenata, molle elicoidali, ammortizzatori telescopici

TECHNICAL SPECIFICATIONS

PRESENTATION
Geneva, March 1998

ENGINE

Cylinders number and disposition V8 (90°)
Position front longitudinal
Crankcase and cylinder head materials aluminium
Crankshaft 5 bearings
Bore and stroke 86 x 86 mm (3.386 x 3.386 in)
Total cylinder capacity 3996 cc (243.9 cu. in.)
Compression ratio 9:1
Maximum power 276 kW (370 bhp) at 6150 rpm
Maximum torque 525 Nm at 3600 rpm
Timing system 4 overhead V valves per cylinder, DOHC, variable inlet cam phasing (chain-operated)
Fuel system Nippondenso EMS electronic injection with sequential management and flow lock on deceleration (multipoint), supercharging with Eaton compressor
Ignition fully electronic, 1 coil for each cylinder, NGK BKR5EVxA13 spark plugs, firing order: 1, 5, 4, 2, 6, 3, 7, 8
Lubrication forced-feed, dry sump, lobed rotor pump
Cooling system by liquid, forced-feed, 1 front radiator
Electrical equipment 12V 72 Ah battery, alternator 90A

DRIVETRAIN

Drive rear-wheel, traction control system (ASC/TC)
Clutch dry single-plate
Gearbox ZF 5HP24 5-speed automatic + Rev with slip controlled lock-up clutch
Gear ratios I=3.570, II=2.200, III=1.510, IV=1.000, V=0.800, RM=4.100
Final ratio 3.060
Differential limited-slip

CAR BODY

Type 2+2 coupé/convertible, Cx= 0.35 (coupé), 0.36 (convertible)
Frame and materials all steel monocoque construction with front and rear crumple zones
Front suspension independent wheels, unequal length upper and lower wishbones, 'anti-dive' effect under braking, coil springs, telescopic two stages adaptive dampers (CATS), anti-roll bar

CARACTERISTIQUES TECHNIQUES

PRESENTATION
Genève, mars 1998

MOTEUR

Nombre et disposition des cylindres 8 en V (90°)
Emplacement avant longitudinal
Matériaux du bloc moteur et culasse aluminium
Vilebrequin sur 5 paliers
Alésage et course 86 x 86 mm
Cylindrée 3996 cm^3
Taux de compression 9:1
Puissance maximale 276 kW (370 ch) à 6150 tr/min
Couple maxi 525 Nm à 3600 tr/min
Distribution 4 soupapes par cylindre en V en tête, double arbre à cames en tête, variateur de phase (commande par chaîne)
Alimentation injection électronique séquentielle Nippondenso EMS et blocage de la circulation en décéleration (multipoint), suralimentation avec compresseur Eaton
Allumage électronique avec une bobine pour chaque cylindre, bougies NGK BKR5EVxA13, ordre d'allumage : 1, 5, 4, 2, 6, 3, 7, 8
Graissage forcé, à carter sec, pompe avec rotor à lobes
Système de refroidissement par liquide, circulation forcée, 1 radiateur avant
Système électrique batterie 12V 72 Ah, alternateur 90 A

TRANSMISSION

Traction arrière avec contrôle de traction (ASC/TC)
Embrayage monodisque à sec
Boîte de vitesses automotique ZF 5HP24 électronique (avec blocage du convertisseur) à 5 vit. + MA
Rapports de démultiplication I=3.570, II=2.200, III=1.510, IV=1.000, V=0.800, RM=4.100
Rapport final 3.060
Différentiel autobloquant

CORPS VOITURE

Type coupé/convertible 2 places + 2, Cx= 0.35 (coupé), 0.36 (convertible)
Châssis et matériaux monocoque en acier avec zones avant et arrière à absorption d'énergie
Suspension avant roues indépendantes avec bras trapézoïdaux oscillants dissymétriques " antiplongeante " en freinage, ressort hélicoïdaux, amortisseurs télescopiques

a controllo elettronico (CATS), barra stabilizzatrice
Sospensione posteriore ruote indipendenti con bracci trapezoidali oscillanti inferiori pressofusi, geometria "antibeccheggio" in accelerazione e decelerazione, molle elicoidali, ammortizzatori telescopici a controllo elettronico (CATS), barra stabilizzatrice
Freni idraulico-meccanico a circuito sdoppiato per assali, dischi autoventilanti anteriori e posteriori, ABS di serie, freno di stazionamento meccanico indipendente sulle ruote posteriori
Sterzo a cremagliera con servoassistenza proporzionale alla velocità, ø di sterzata 11.5 m
Cerchi anteriori 8Jx18, posteriori 9Jx18
Pneumatici anteriori Direzionali 245/45 ZR 18 96Y, posteriori Asimmetrici 255/55 ZR 18 99Y

DIMENSIONI E CAPACITÀ

Lunghezza 4760 mm
Larghezza 1829 mm
Altezza 1296 mm (convertible 1306 mm)
Passo 2588 mm
Carreggiate ant. e post. anteriore 1504 mm, posteriore 1498 mm
Massa in ordine di marcia 1640 kg (coupé), 1750 kg (convertible)
Sistema di lubrificazione (motore) 6.5 lt
Sistema di raffreddamento 9.5 lt
Serbatoio carburante 75 lt
Bagagliaio 327 dm³ (coupé), 307 dm³ (convertible)

PRESTAZIONI

Velocità massima 250 km/h (autolimitata)
Accelerazione 0-100 km/h 5.4 sec. (coupé), 5.6 sec. (convertible)
0- 400 m 13.9 sec.
0-1000 m 25.1 sec.
Ripresa (in D da 70 a 130 km/h) 6.7 sec.
Frenata (spazio d'arresto a 140 km/h) 79.9 m
Consumi urbano/extraurb. /misto (lt/100 km) 16.7/9.6/12.2 (coupé), 17.6/9.8/12.6 (convertible)
Potenza specifica 92.5 CV/lt
Rapporto peso/potenza 4.43 kg/CV (coupé), 4.72 kg/CV (convertible)

Rear suspension independent wheels, with wishbones, antisquat and anti-lift under acceleration and braking, coil springs, telescopic two stages adaptive dampers, anti-roll bar (CATS)
Brakes hydraulic with mechanical linkage, dual circuit (front/rear split), self-vented discs front and rear, ABS as standard equipment, mechanical parking brake on rear wheels
Steering rack and pinion with variable ratio speed related power assistance, steering ø 11.5 m (36 ft 2 in)
Wheels front 8Jx18, rear 9Jx18
Tyres front Direzionali 245/45 ZR 18 96Y, rear Asimmetrici 255/55 ZR 18 99Y

DIMENSIONS AND CAPACITIES

Length 4760 mm (187.4 in)
Width 1829 mm (72 in)
Height 1296 mm (convertible 1306 mm) (51/51.4 in)
Wheelbase 2588 mm (101.8 in)
Front and rear tracks front 1504 mm, rear 1498 mm (59.2/59 in)
Kerb weight 1640 kg (coupé), 1750 kg (convertible) (3588 lb/3788 lb)
Lubrication system (engine) 6.5 lt (1.43 imp. gal.)
Cooling system 9.5 lt (2.09 imp. gal.)
Fuel tank 75 lt (16.5 imp. gal.)
Luggage compartment 327 dm³ (coupé), 307 dm³ (convertible) (11.5/10.8 cu. ft)

PERFORMANCES

Top speed 250 km/h (155 mph), self-limited
Acceleration 0-100 km/h 5.4 sec. (coupé), 5.6 sec. (convertible)
0-400 m 13.9 sec.
0-1000 m 25.1 sec.
Pick up (in D from 70 to 130 kph) 6.7 sec.
Braking distance (140 kph) 79.9 m
Consumption urban/extra-urb./mixed (lt/100 km) 16.7/9.6/12.2 (coupé), 17.6/9.8/12.6 (convertible)
Specific power 92.5 bhp/lt
Weight to power ratio 4.43 kg/bhp (coupé), 4.72 kg/bhp (convertible)

électroniques (CATS), barre stabilisatrice
Suspension arrière roues indépendantes avec bras trapézoïdaux oscillants inférieurs coulés sous pression, géométrie " antiplongeante " en accélération et en décélération, ressorts hélicoïdaux, amortisseurs télescopiques électroniques (CATS), barre stabilisatrice
Freins système hydraulique/mécanique à double circuit réparti par essieux, disques autoventilés avant et arrière, ABS en série, frein de stationnement mécabique indépendant sur les roues arrière
Direction à crémaillère avec servocommande proportionnel à la vitesse, ø de braquage 11.5 m
Roues avant 8Jx18, arrière 9Jx18
Pneus avant Direzionali 245/45 ZR 18 96Y, arrière Asimmetrici 255/55 ZR 18 99Y

DIMENSIONS ET CAPACITES

Longueur 4760 mm
Largeur 1829 mm
Hauteur 1296 mm (convertible 1306 mm)
Empattement 2588 mm
Voies avant et arrière avant 1504 mm, arrière 1498 mm
Poids à vide 1640 kg (coupé), 1750 kg (convertible)
Système de lubrification (moteur) 6.5 lt
Système de refroidissement 9.5 lt
Réservoir carburant 75 lt
Coffre à bagages 327 dm³ (coupé), 307 dm³ (convertible)

PERFORMANCES

Vitesse maxi 250 km/h (autolimitée)
Accélération 0-100 km/h 5.4 sec. (coupé), 5.6 sec. (convertible)
0-400 m 13.9 sec.
0-1000 m 25.1 sec.
Reprise (en D da 70 à 130 km/h) 6.7 sec.
Freinage (espace d'arrêt à 140 km/h) 79.9 m
Consommations urbain/extraurb./mixte (lt/100 km) 16.7/9.6/12.2 (coupé), 17.6/9.8/12.6 (convertible)
Puissance spécifique 92.5 ch/lt
Rapport poids/puissance 4.43 kg/ch (coupé), 4.72 kg/ch (convertible)

La belva si appresta ad aggredire la strada.

The beast about to gobble up the road.

Le fauve s'apprête à agresser la route.

IMPRESSIONI DI GUIDA

Al posto di guida, la nuova XK trasuda un fascino speciale. Se non siete romantici, non acquistate questa automobile: non ne avete bisogno, non la capireste, o meglio, sarebbe al di sopra della vostra mentalità. Per chi vuole semplicemente una bella, confortevole e veloce vettura scoperta di gran classe, ci sono altre vetture, soprattutto tedesche: una Jaguar è, naturalmente, qualcosa di completamente diverso.

La XK8 ha inaugurato un processo di ripensamento della Jaguar sportiva, dopo anni di eclissi che hanno avuto nei primi modelli della XJS i loro momenti forse più neri. Sia coupé che convertible, la XK8 ha avuto il grande merito di fare risorgere un'immagine preziosa per tutto il mondo dei motori, perché quello della Jaguar sportiva è un concetto unico e irripetibile, di un fascino che è esclusivo della Casa.

La XKR ha portato questo discorso ancora più in alto. Se la XK8 ha subito confermato le ottime qualità di alte prestazioni e comfort tipiche delle granturismo di classe, la versione sovralimentata aggiunge al quadro la robusta dose di adrenalina di un motore che sa erogare quasi 360 cavalli pur rimanendo, a velocità "normali", docile come il proverbiale agnellino.

Con l'introduzione di questo motore, la serie XK diventa un superbo poker di modelli: aspirata oppure sovralimentata, chiusa oppure convertibile, come dire: qualcosa per tutti i gusti. L'esteta puro troverà insuperabile la linea della coupé, la cui coda esprime una vera, compiuta armonia. Chi è affezionato allo stile inglese di motorismo non può però sottrarsi al fascino della convertibile, con la sua grande capote elettrica che permette di "bere" tutto il sole del Mediterraneo ma che, in caso di necessità, sa dimostrarsi anche a prova di rumori, parassiti e d'in-

DRIVING IMPRESSIONS

In the driving seat, the new XK exudes a special charm. If you aren't romantic, then don't buy this car. You don't need it, you wouldn't understand it; or, better still, you would find it mind-boggling. For people who simply want a beautiful, comfortable, fast, classy open car, there is no shortage of alternatives, especially from Germany. But a Jaguar is of course something completely different.

The XK8 is the first outcome of an overall rethink of Jaguar sports cars after years in the shade, the darkest moments of which coincided with the first models of the XJS. Available both as a coupé and a convertible, the XK8's greatest merit is that it has revived Jaguar's image across the car world. That of the Jaguar sports car is in fact a unique, unrepeatable concept, which exudes a charm exclusive to this company alone.

The XKR has taken the idea even further. If the XK8 immediately confirmed the excellent qualities of high performance and comfort typical of any high-class GT, the supercharged version adds the healthy dash of adrenaline of an engine which can deliver almost 360 bhp while remaining, at 'normal' speeds, as gentle as the proverbial lamb.

With the introduction of this engine, the XK series is now a superb 'poker' of models: aspirated or supercharged, closed or convertible. There really is something for everyone. The aes-

IMPRESSIONS DE CONDUITE

Au poste de conducteur, la nouvelle XK exsude un charme spécial. Si vous n'êtes pas romantique, n'achetez pas cette automobile : vous n'en avez pas besoin, vous ne la comprendriez pas, ou mieux, elle serait au-dessus de votre mentalité. Pour les personnes qui veulent simplement une voiture découverte belle, confortable, rapide et de grande classe, d'autres voitures existent, surtout des allemandes : une Jaguar est, naturellement, quelque chose de complètement différent.

La XK8 a inauguré un processus de réflexion sur la Jaguar de sport, après des années d'éclipse qui ont vu dans les premiers modèles de la XJS leurs moments les plus sombres peut-être. Aussi bien en coupé qu'en décapotable, la XK8 a eu le mérite de faire ressurgir une image précieuse pour le monde des moteurs, parce que le concept de la Jaguar de sport est sans égal, il participe d'un charme qui n'appartient qu'à cette firme.

La XKR a élevé cette réflexion à un niveau encore plus haut. Si la XK8 a tout de suite confirmé les excellentes qualités de ses performances de premier plan et de confort typique des grand tourisme de classe, la version suralimentée ajoute au tableau une robuste dose d'adrénaline dans un moteur qui sait développer presque 360 ch tout en restant, à vitesse normale, docile comme l'agneau de la fable.

Avec l'introduction de ce moteur, la série XK compose un superbe poker de modèles : atmosphérique ou bien suralimentée, fermée ou bien décapotable, comme dire : quelque chose pour tous les goûts. L'esthète pur trouvera la ligne du coupé unique, sa queue exprime une harmonie véritable et achevée. Les personnes qui apprécient le style anglais des automobiles ne peuvent toutefois se soustraire au charme de la convertible, avec sa grande capote électrique qui permet

filtrazioni d'acqua. Motori, poi: non c'è dubbio, il V8 con compressore è il più fascinoso, potentissimo, liscio, progressivo. Ma l'aspirato è ugualmente silenzioso, ha pur sempre la bellezza di 260 cavalli e costa sensibilmente di meno... Alla fine, si capisce che la Jaguar ha confezionato quattro modelli che hanno qualcosa da proporre a tutti i possibili clienti della Casa. Scegliere una XK8 coupé anziché una XKR convertible è quindi legato non alle qualità intrinseche del modello: sono tutti ottimi. Discende piuttosto dalle esigenze personali, dalle abitudini d'uso.

Detto questo, è chiaro che la XKR convertible rappresenta un po' la summa teologica dell'intera gamma di questo modello, ed è per molti versi il più bello, fascinoso e desiderabile. Per noi, almeno, lo è di sicuro.

Il primo motivo di eccitazione, a proposito di questo modello, nasce quindi dalla bellezza della linea. Dal vero, essa è anche più sensazionale che in fotografia: le immagini bidimensionali, per quanto molto belle, fanno generalmente fatica a trasmettere in maniera precisa la sensazione di corposa eleganza di questa "scoperta".

Uno scrittore inglese ha recentemente osser-

thete will find the line of the coupé, with its beautiful rounded, harmonious tail, unsurpassable. Lovers of the British style of motoring can't help but be seduced by the charm of the convertible, with its great electric hood which allows you to 'soak up' the Mediterranean sunshine but is also, when necessary, completely noise- and waterproof. Moving on to engines, there can be no doubt that the V-8 with compressor is the most attractive, powerful, smooth and progressive of the bunch, although the aspirated engine is just as silent, delivers 260 bhp and costs much less... What Jaguar has done has been to concoct four models with something special for all of its potential customers. To choose an XK8 coupé as opposed to an XKR convertible is not to make a value judgement on the intrinsic qualities of the two models, simply because they're both excellent. No, it's a choice which stems from personal needs and habits.

Having said that, the XKR convertible is something of a summa theologica of the whole range and is the most beautiful, exciting and desirable of all. That's what I think anyway.

de " boire " tout le soleil de la Méditerranée mais qui, en cas de besoin, sait se révéler aussi à l'épreuve des bruits parasites et des infiltrations d'eau. Les moteurs, ensuite : sans l'ombre d'un doute, le V8 avec compresseur a plus de charme, de puissance, de lissé et de progressivité. Mais la version atmosphérique est également silencieuse, elle a aussi toujours la beauté de 260 ch et coûte sensiblement moins... On finit par comprendre que Jaguar a confectionné quatre modèles qui ont quelque chose à proposer à tous les clients possibles de la firme. Choisir un coupé XK8 au lieu d'une XKR convertible est lié aux qualités intrinsèques du modèle : ils sont tous excellents. Les motivations viennent plutôt des besoins personnels, des habitudes d'utilisation.

Ceci dit, il est clair que la XKR convertible représente un peu la somme théologique de toute la gamme de ce modèle, et par de nombreux côtés ce qu'elle a de plus beau, fascinant et désirable. Pour nous, au moins, c'est certain.

Le premier motif d'enthousiasme, à propos de ce modèle, vient donc de la beauté de sa ligne. Dans la réalité, elle est même plus sensationnelle qu'en photo : les images bidimensionnelles, mal-

vato che un tratto distintivo di certe automobili inglesi che noi percepiamo istintivamente come "classiche" è la sensazione di robustezza, di massiccio dimensionamento di ogni parte, che esse evocano; un po' come se la tradizionale eccellenza inglese d'un tempo nella fabbricazione di splendide locomotive a vapore fosse in qualche modo rimasta a sigillo di simili qualità nel settore automobilistico (W.O. Bentley, ad esempio, veniva proprio dalla meccanica ferroviaria).

La XKR sfugge dunque a ogni tentativo di snellimento, di minimizzazione estetica delle sue masse. È un'auto importante, di gran pregio, che non ha paura di mostrarsi tale anche visivamente: la maniera con la quale tutte le sue parti sono state impeccabilmente raccordate aggiunge integrità, e quindi "corpo", alla sua figura.

Non che sembri "pesante", ben s'intenda. La XKR è possente, fascinosa, ma non massiccia, né brutale. Il muso puntuto spiega la sua discendenza dalla meravigliosa E-Type, ma senza sdolcinamenti. E comunque, rispetto a molte Jaguar del passato, balza all'occhio la grande qualità di rifinitura dell'intera scocca, di tutta l'auto. Anni fa, a chi si lamentava della scarsa qualità di ver-

The first thrill comes from the beauty of the line. In real life it's even more sensational than in photographs: no matter how lovely they are, two-dimensional images usually struggle to put across the open car's physical elegance.

A British writer recently observed that a distinctive feature of certain British cars which we instinctively perceive as 'classic' is the sensation of robustness and overall body which they evoke, as if the traditional British excellence in making splendid steam locomotives had somehow generated similar qualities in the motoring

gré leur beauté, ont généralement du mal à transmettre de manière précise la sensation d'élégance très physique de cette voiture "découverte".

Un écrivain anglais a récemment observé qu'un trait distinctif de certaines automobiles anglaises que nous percevons instinctivement comme classiques est la sensation de robustesse, de dimensions massives de chaque partie qu'elles évoquent ; un peu comme si la traditionnelle excellence anglaise qui se déployait jadis dans la fabrication de splendides locomotives à vapeur avait en quelque sorte conservé la marque de

La XKR corre veloce, accelera rabbiosamente, ma non si scompone. Merito delle sospensioni dotate del sistema "CATS", che gestisce elettronicamente la taratura degli ammortizzatori.

The XKR runs fast and furiously but it never loses its cool. All thanks to the 'CATS' suspensions with electrically gauged shock absorbers.

La XKR dans sa course rapide, elle accélère avec rage, mais elle ne perd pas son sang froid. Grâce aux suspensions équipées du système " CATS ", qui gère électroniquement le réglage des amortisseurs.

ST

Gommata da supersportiva, l'XKR sa essere docile e confortevole, pronta a scaricare a terra i suoi 360 CV.

With the tyres of a super sports car, the XKR is both docile and comfortable, ready to download its 360 bhp.

Pneus de supersportive, l'XKR sait se montrer docile et confortable, prête à décharger ses 360 ch à terre.

niciatura della sua Jaguar, il Direttore Commerciale di Coventry poteva permettersi di rispondere: "Al prezzo che l'ha pagata, noi le abbiamo venduto solo il motore, la scocca serve a portarselo via...". Ora no: la XKR è ben fatta, bene assemblata, benissimo rifinita. Questo è solo il più evidente, ma certo non l'unico, dei benefici effetti dell'avere la Ford dietro le spalle, proprietaria affettuosa e illuminata.

L'intelligenza dell'attuale gestione Jaguar "globale", dalla Casa madre fino ai distributori europei e di tutto il mondo, si vede da molti dettagli, ma, al primo colpo d'occhio, proprio dalla bellezza di questa linea. La XJS era figlia di una generazione di dirigenti che volevano affermare la propria figura a ogni costo, quindi anche a discapito dell'immagine della Marca e con il rischio di provocare disastri inimmaginabili: erano gli anni della Allegro e della TR7, del mai abbastan-

sector (W.O. Bentley, for example, started out in railway engineering).

The XKR can't be made any leaner. It's masses can't be toned down at all. It is, basically, an impressive top-class car which isn't afraid to say as much visually. The way in which all the parts are impeccably joined together adds integrity, hence 'body', to its figure.

Not that it looks top-heavy of course. The XKR is powerful and fascinating without being bulky or brutal. The pointed nose obviously descends from the wonderful E-Type, but not in a

qualités similaires dans le secteur automobile (W.O. Bentley, par exemple, venait justement de la mécanique ferroviaire).

La XKR échappe donc à toute tentative visant à la rendre plus svelte, à minimiser ses masses esthétiquement. C'est une voiture importante, de grand prix, qui n'a pas peur de se montrer telle même visuellement : la manière avec laquelle toutes ses parties ont été impeccablement raccordées ajoute de l'intégrité, et donc du "corps", à sa silhouette.

Ce n'est pas qu'elle paraisse " lourde ", loin

za biasimato stilista Harris Mann e del "Ryder Report", gli anni, come li chiamò Graham Robson, della "Ruota della Sfortuna" (*Wheel of Misfortune*). I risultati commerciali dimostrarono la follia di questo sistema, che portò al tracollo l'intera industria inglese.

La qualità di costruzione della XKR appare dunque ottima. Il motivo "ovale" domina nelle luci, nei fanalini, nelle prese d'aria e nei fari, a riecheggiare il tondismo del muso e, in minore misura, della coda. Un'analoga tendenza ad arrotondare le linee si nota all'interno, nelle curve della grande plancia. Quest'ultima può essere in legno nero (acero) o, più fastosamente, in radica di noce scura, che è poi quella che si conviene a una vera Jaguar. Solo il volante rompe con la sobrietà propria di tutta la plancia: la maniera con la quale sono accoppiati legno e pelle, sulla corona, lascia parecchio perplessi. Ma sicuramente la Jaguar, su richiesta, può fornire anche un volante tutto di pelle.

Il resto dell'abitacolo, che "avvolge" il guidatore e il passeggero come un elegante guanto sportivo d'alta classe, conferisce la tipica "lussuria" delle Jaguar classiche, molta pelle, molto legno, e se l'ambiente è meno "caldo" che su una XK120, si deve ringraziare solo i discepoli di Ralph Nader e gli altri eco-nazisti della sicurezza a ogni costo: sono loro che hanno spinto per la soppressione degli affascinanti interruttori a levetta d'un tempo, per esempio, quelli che, sulle

mawkish way. What catches the eye with respect to many other Jaguars of the past is the great quality of the finishing of the entire body, hence of the entire car. Years ago, to anyone who complained about the poor quality of the painting of his Jaguar, the Sales Manager in Coventry would write back, 'at the price you paid for the car, we only sold you the engine; the only purpose of the body is to allow you to take the engine home...'. Now that's no longer the case: the XKR is well made, well assembled and very well finished indeed. This is only the most evident but by no means the only beneficial effect of having Ford as an affectionate and enlightened owner.

The intelligence of Jaguar's present 'global' management, from the parent company to distributors in Europe and elsewhere in the world, emerges in many details, especially in the beauty of the line. The XJS was the child of a generation of managers who wanted to assert themselves at all costs, if need be to the detriment of the image of the Marque, hence at the risk of provoking unimaginable disasters. Those were the years of the Allegro and the TR7, of the designer Harris Mann (never criticised enough) and the 'Ryder Report', the years, as Graham Robson dubbed them, of the 'Wheel of Misfortune'. The company's sales results in the period showed the folly of a system which caused the entire British car industry to crash.

s'en faut. La XKR est puissante, fascinante, mais elle n'est pas massive ni brutale. Le déploiement de son museau pointu affirme sa descendance de la merveilleuse E-Type, mais sans aucune édulcoration. Et de toute façon, par rapport à de nombreuses Jaguar du passé, la grande qualité de finition de toute sa coque, de toute la voiture, saute aux yeux. Il y a des années, le directeur commercial de Coventry pouvait se permettre de répondre aux personnes qui se plaignaient de la médiocrité de la qualité des peintures de leur Jaguar : " Au prix que vous l'avez payée, nous ne vous avons vendu que le moteur, la coque sert d'emballage pour l'emmener ... ". Plus maintenant : la XKR est bien faite, bien assemblée, très bien finie. Ceci n'est que le plus évident des effets bénéfiques, mais pas le seul, loin s'en faut, d'avoir Ford comme soutien, propriétaire affectueux et éclairé.

L'intelligence de la direction actuelle Jaguar globale, de la maison mère jusqu'aux distributeurs européens et du monde entier, se retrouve dans de nombreux détails, mais, du premier coup d'œil, justement à la beauté de cette ligne. La XJS était l'enfant d'une génération de directeurs qui voulaient laisser leur empreinte à tout prix, et même au détriment de l'image de la marque, au risque de provoquer d'inimaginables désastres : c'était les années de l'Allegro et de la TR7, du styliste jamais assez critiqué Harris Mann et du " Ryder Report ", les années, comme devait les appeler Graham Robson, de la " Roue de l'Infortune " (*Wheel of Misfortune*). Les résultats commerciaux devaient faire apparaître au grand jour la folie de ce système, qui devait conduire à l'écroulement de toute l'industrie anglaise.

La qualité de la construction de la XKR apparaît donc excellente. Le motif " oval " domine dans les feux avant et arrière, dans les prises d'air et dans les phares, venant reprendre l'arrondi du museau et celui de la queue. Une tendance analogue à l'arrondi des lignes se remarque à l'intérieur, dans les courbes de la grande planche . Cette dernière peut être en bois noir (érable) ou, plus richement, en racine de noyer sombre, le bois des véritables Jaguar. Seul le volant rompt la sobriété propre à toute la planche : la manière dont le bois et le cuir sont combinés sur la couronne laisse assez perplexe. Mais Jaguar peut fournir aussi sur demande un volant tout en cuir.

Le reste de l'habitacle, qui "enveloppe" le

prime E-Type, davano un sapore meravigliosamente aeronautico alla plancia centrale.

La plancia fitta di commutatori a pressione di questa XKR è però tutt'altro che brutta: razionale, richiede solo il minimo di abitudine per trovare, fra i suoi tasti sobriamente illuminati, ciò che serve. È comunque senza infamia.

L'avviamento mostra lo stesso rumore che caratterizzava le vecchie XJ, un mix di scampanìo metallico e di un fosco, lontano rimbombo davvero inconfondibile. Il motore stesso, però, è silenzioso quanto un vecchio XJ a 6 cilindri, cioè offre all'orecchio dell'ascoltatore poco più di un sommesso sussurro, distante, con una sua sottintesa energia ma senza alcuna ruvidezza. Anzi, questo V8 si dimostra subito uno dei motori più "lisci" e silenziosi sul mercato, anche nella potentissima versione con compressore.

Se si desidera scoprire la vettura, non si deve fare altro che, da fermi, tenere premuto un piccolo interruttore accanto alla leva del cambio. Un lieve suono elettronico segnala l'inizio dell'operazione; un altro, circa 15 secondi dopo, ne segnala la fine, in maniera che l'utente sappia quando può rilasciare il pulsante senza rischio di interrompere l'operazione a metà.

Tutto avviene in maniera completamente automatica: non si deve fare nulla mentre la capote si sgancia e si ripiega nel suo alloggiamento dietro ai piccoli sedili posteriori. Questo alloggiamento permette di tenere molto basso il profilo della vettura anche a capote abbassata: in compenso esso ruba un po' di spazio, e i passeggeri posteriori ne risultano sacrificati.

Con la leva del cambio su "D", nell'angolo indietro e a destra del selettore, la XKR è pronta: si deve tenere il piede sul freno per contenerne l'impulso a muoversi in avanti, a raggiungere, subito, la strada. Mollare il pedale, e magari dare appena un soffio d'acceleratore, fa muovere la Jaguar con impeccabile scioltezza, liscia, silenziosa, con perfetta educazione.

Circolare a basse velocità conferma le classi-

The build quality of the XKR is excellent. The 'oval' motif dominates in the windows, the headlamps, the air intakes and the lights, re-echoing the roundness of the nose and, to a lesser extent, of the tail. A similar tendency to round the line is also noticeable in the interior in the curves of the large facia, available either in black wood (maple) or, even more lavishly, in dark hazel briar, fit for a true Jaguar. Only the steering wheel jars with the sobriety of the facia; the way in which wood and leather are combined on the crown is somewhat puzzling. But, on request, Jaguar will certainly be prepared to supply an all-leather steering wheel.

The rest of the cabin, which wraps round driver and passenger like an elegant, sports glove, provides all the 'lust' of classic Jaguars: meaning lots of leather and loads of wood. If the atmosphere isn't as warm as in the XK120 we only have the disciples of Ralph Nader and all the other eco-Nazis of safety at all costs to thank. It is they who fought for the abolishing of the dinky lever switches of yesteryear, which on the first E-Types lent a wonderfully aeronautic feel to the central facia.

The button-filled facia of this XKR is anything but ugly: it is rationally designed and it only takes a little practice to find your way among the mass of soberly lit buttons. It's by no means brilliant, but it's not bad either.

The starter makes the same noise as those on the old XJ's: a mixture of a metallic ring and dull, far-off echo – truly unmistakable. The engine itself is as silent as an old 6-cylinder XJ; meaning that it emits little more than a seemingly distant purr, implicitly creating a sense of energy, but without any roughness. This V-8 is

Il dinamismo che sprigiona una Jaguar è straordinario anche da ferma. Figuriamoci in movimento...

The dynamism released by a Jaguar is extraordinary, even when the car is standing still. Just think when it's moving!

Le dynamisme que dégage une Jaguar est extraordinaire même quand elle est arrêtée. Donc en mouvement...

conducteur et le passager comme un élégant gant de sport de haute classe, fournit la " luxure " traditionnelle des Jaguar classiques, beaucoup de cuir, beaucoup de bois, et si l'ambiance est moins " chaude " que sur une XK120, on ne doit en remercier que les disciples de Ralph Nader et les autres fanatiques de l'écologie qui veulent la sécurité à tout prix : c'est sous leur pression que les charmants interrupteurs à levier d'une époque, par exemple, ceux qui, sur les premières E-Type, donnaient un saveur merveilleusement aéronautique à la planche centrale, ont été abandonnés.

La planche remplie de commutateurs à pression de cette XKR vaut cependant largement le coup d'œil. Rationnelle, elle ne demande qu'un minimum d'habitude pour trouver, parmi ses touches sobrement éclairées, ce dont on a besoin. Elle est donc sans infamie.

On entend au démarrage le même bruit qui caractérisait les anciennes XJ, un mélange de sons de cloches métalliques et de lointain vrombissement, grondement sourd, vraiment unique. Le moteur, lui, est aussi silencieux qu'un vieil XJ à 6 cylindres, c'est-à-dire qu'il offre aux oreilles un susurrement soumis, distant, avec son énergie

che doti di *souplesse* e comfort di tutte le migliori Jaguar. La servoassistenza dello sterzo è ottima, ben pensata per tutte le velocità senza gli eccessi di qualche serie passata, e facilita molto la marcia cittadina, anche se le dimensioni di questa cabriolet non sono sicuramente utilitarie.

Un tratto molto riuscito della XKR è il buon compromesso che si è raggiunto fra la necessità di fornire una gommatura molto aderente, quindi larga e con profilo ribassato, senza togliere nulla al comfort di marcia, che rimane elevato. Questo è un tratto nobile delle migliori Jaguar, che Lyons ben caratterizzò nel celebre slogan *"Grace, Pace and Space"* , e qui, a parte qualche sacrificio di abitabilità dei piccoli sedili posteriori, grazia e prestazioni certamente non mancano.

Anche il semplice andarsene a spasso, con una XKR, è molto piacevole. Ciò nulla aggiunge al già cospicuo fascino della XK8 aspirata: la grossa, felina cabriolet scivola nel traffico con grande silenzio e incommensurabile autorità, attirando magneticamente anche gli sguardi di coloro che, alle automobili, non rivolgono mai più di un distratto e occasionale pensiero. Una

actually one of the smoothest, quietest engines on the market, even in the super-powerful version with the compressor.

If you want to take down the hood, all you have to do is stop the car and press the small button beside the gear lever. A first electric buzz signals the start of the operation and another, about 15 seconds later, signals the end, so that the user knows when to release the button without the risk of interrupting the operation halfway through.

All this happens automatically. You don't have to do anything as the hood unclips and folds up in the housing behind the rear seats. This housing keeps the profile of the car very low even with the hood down. On the other hand, it steals a certain amount of space to the detriment of the comfort of rear passengers.

With the gear level on 'D' at the bottom right-hand corner of the selector, the XKR is ready to go. You have to keep your foot on the brake to check the car's to move forward. Then raising the brake pedal and stepping down on the throttle, the Jaguar sets off impeccably, smoothly and silently. It is, in short, a car of perfect manners!

sous-entendue mais sans aucune rudesse. Et même, ce V8 se révèle tout de suite comme l'un des moteurs les plus lisses et les plus silencieux que l'on puisse trouver sur le marché, même dans la très puissante version avec compresseur.

Si l'on veut découvrir la voiture, il suffit d'appuyer sur un petit interrupteur qui se trouve à côté du levier des vitesses, la voiture arrêtée. Un léger signal électronique avertit du début de l'opération ; un autre, environ 15 secondes après, en signale la fin, de manière à ce que l'utilisateur sache quand il peut relâcher le bouton sans risquer d'interrompre l'opération à moitié.

Tout se fait de manière complètement automatique : il ne faut rien faire pendant que la capote s'accroche et se replie dans son logement derrière les petits sièges arrière. Ce logement permet de conserver le profil de la voiture très bas même quand la capote est abaissée : en compensation elle prend un peu de place, et les passagers arrière en sont sacrifiés.

Avec le levier de vitesses sur " D ", dans le coin arrière et à droite du sélecteur, la XKR est prête : il faut garder le pied sur le frein pour en contenir son impulsion à aller de l'avant, pour rejoindre

Jaguar sportiva interessa anche qualche membro di quella deprecabile minoranza che comprende Verdi, nemici preconcetti del benessere, uomini preistorici e retrivi di pari grado.

Le ragazze, invece, sono tutta un'altra cosa: loro adorano la XKR. Dalle bimbe in carrozzina alle valorose protagoniste decennali della vita mondana in Versilia, quelle che ancora ricordano quando, belle e vivaci, furono graziate di un passaggio sulla E-Type di qualche divo in vacanza, tutte girano occhi e capo per ammirare il muso lungo, tondo, slanciato e al tempo stesso massiccio di una XKR. Ma non è una sorpresa: per qualche motivo, le Jaguar toccano da sempre una corda nascosta e sensibile dell'animo femminile. Una corda che molti altri fabbricanti fanno fatica a trovare.

Ma non è solo un fatto di ormoni. Questa Jaguar va proprio bene, e seduce alla guida quanto a vederla passare per la strada. Confortevole, ma anche palpabilmente robusta nei punti che contano, tanto che anche la convertible appare molto "rigida". La sua scocca è priva di quei piccoli movimenti di torsione che, su altre auto, danno una sgradevole impressione di fragilità, trasmettendo l'immagine di un tetto tagliato senza che la sua funzione strutturale sia stata surrogata da alcuna misura compensativa. In questo, la XK, sia in versione normale che *supercharged*, appare perfettamente all'altezza della situazione. La robustezza della scocca è esemplare: anche le sollecitazioni torsionali più brutali vengono ignorate in maniera completa, tanto che si finisce con il meravigliarsi del fatto che altri fabbricanti, anche titolati, producano ancora auto afflitte da questi problemi.

La manovrabilità del cambio è ottima, il selettore "J" risulta di facile uso e intuitivo, anche se rimangono le limitazioni tipiche degli automatici convenzionali, e l'inevitabile sensazione di slittamento dovuta al convertitore di coppia. Non siamo però d'accordo con chi vorrebbe adottare anche su queste automobili il cambio manuale, che toglierebbe alle XK parte del loro fascino fatto di prestazioni, certo, ma anche della progressione liscia, senza soluzione di continuità, fra le varie marce.

Il punto fondamentale di questa scelta è che il cambio automatico non toglie praticamente nulla alle sensazionali prestazioni della XKR (sulla XK8, che nasce a questo punto con aspi-

Driving at low speed, you get an idea of the Jaguar's classic suppleness and comfort. The servo-assisted steering-gear is perfectly designed for all speeds without the 'over-the-topness' of some of the past series, and it facilitates city driving, even if the saloon is by no means family-sized.

A very effective feature of the XKR is its perfect compromise between the need to use very adherent tyres, hence with a low profile, and first-rate ride comfort. Lyons captured this noble feature of the finest Jaguars well in his celebrated slogan 'Grace, Pace and Space'. Hence, apart from the odd concession to ride comfort in the rear seats, grace and pace are by no means lacking.

It's fun to drive leisurely around in the XKR. Doing so adds nothing to the great appeal of the aspirated XK8, but the big, feline cabriolet slides silently through the traffic with unmatchable authority, magnetically attracting the gaze even of people who normally couldn't care less about cars. A Jaguar sports car even captures the interest of members of that deprecable minority of individuals which comprises the Greens, prejudiced enemies of well-being, 'prehistoric' men and reactionaries.

Females think differently. They adore the XKR. From little girls in prams to the central figures of society life in Versilia, women who still remember when they were young and full of life and used to hitch lifts in the E-Types of film stars on holiday in the area – they all turn their eyes and their heads to admire the long, round, at once slender and mighty nose of the XKR as it passes by. But that comes as no surprise. For some reason, Jaguars have always touched female heartstrings, something which many other manufacturers struggle to do.

Not that it's a question of hormones alone. This Jaguar is a lovely mover, seducing you both when you drive it and when you see it flash by. It's comfortable but also tangibly robust where it counts; even the convertible has a very 'rigid' look. Its body has none of those small torsional movements which on other cars give an unpleasant sense of frailty, conveying the idea of a cut roof without its structural function being compensated for. Both the normal and *supercharged* versions of the XK always appear in total control of the situation. The robustness of

tout de suite la route. En relâchant la pédale, et en donnant un soupçon d'accélération, la Jaguar se met en mouvement avec une douceur impeccable, lisse, silencieuse, parfaitement éduquée.

Rouler à basses vitesses confirme les qualités classiques de souplesse et de confort des meilleures Jaguar. La direction assistée est excellente, bien étudiée pour toutes les vitesses sans les excès de certaines séries passées, et elle facilite beaucoup la conduite en ville, même si les dimensions de ce cabriolet ne sont certainement pas celles d'une utilitaire.

Une caractéristique très réussie de la XKR est le bon compromis entre le besoin de fournir des pneus très adhérents, donc larges et avec un profile surbaissé, sans enlever grand chose au confort de marche, qui reste élevé. C'est là un des traits de noblesse des meilleures Jaguar, que Lyons devait caractériser dans le slogan " *Grace, Pace and Space* ", et si l'on accepte des sacrifices sur l'habitabilité des sièges arrière, la grâce et les performance sont certainement au rendez-vous.

Même le simple fait de se promener avec une XKR est très agréable. Ceci n'enlève rien au chargement de la XK8 atmosphérique déjà important,

Corre veloce la XKR convertible. La capote non da alcun segno visibile di stress. Pregio che non tutte le spider possono vantare...

The XKR convertible runs fast. The hood shows no signs of stress whatsoever. It's a merit that not all roadsters can boast.

La XKR convertible dans sa course rapide. On ne voit aucun signe d'effort sur la capote. Une qualité dont tous les spiders sont loin de pouvoir se targuer...

razioni prestazionali meno esasperate, il cambio manuale diventa quindi ancor meno indicato). Basta mettere la leva su "D", spingere a fondo il pedale dell'acceleratore e la XKR balza da ferma alla velocità di 100 chilometri orari in 5 secondi o poco più, un tempo che non ha bisogno di commenti. L'accelerazione è possente, continua, le cambiate perfettamente "lisce", l'insieme del comportamento della XKR ricorda più l'accelerazione di un bireattore che quella di un'automobile dotata di un motore a combustione interna.

Il rumore del grosso V8 non cambia sostanzialmente, almeno come tonalità di fondo, fra la versione aspirata e quella sovralimentata; quest'ultima esibisce però il ringhio metallico del compressore, un fischio "duro", molto simile a quello di un potentissimo motore elettrico, la cui tonalità suona particolarmente suggestiva a chi abbia mai sentito in moto, e magari in circuito, un 12 cilindri Auto Union anteguerra, con il suo compressore a doppio stadio. I progressi della tecnica hanno modificato un poco la struttura del compressore, che ora ha tre lobi, non più due, e di forma diversa, ma il concetto è

the body is exemplary, soaking up even the most brutal torsional stress. So much so that it seems amazing that other manufacturers, even famous ones, still produce cars afflicted by such problems.

The manoeuvrability of the gearchange is excellent. The 'J' selector is user-friendly and intuitive, even though it has the limitations typical of conventional automatic gearboxes, not to mention that inevitable sliding feeling caused by the torque converter. I don't agree, though with those who would like to adopt manual gearboxes on these cars. It would take away not only a part of the XK's charm, but also its smooth, uninterrupted progression from one gear to the next.

The point is that the automatic gearbox detracts virtually nothing from the XKR's sensational performance levels (on the XK8, which has fewer aspirations to power, the manual gearbox would be even less suited). All you have to do is put the lever to 'D', step down on the throttle and the XKR will shoot to 100 km/h in five seconds or just over. Any comment would be superfluous. Acceleration is powerful and

le gros cabriolet félin glisse dans la circulation dans un grand silence et avec une autorité incommensurable, en attirant même les regards de ceux qui n'accordent jamais plus d'une pensée distraite aux automobiles. Les Jaguar de sport intéressent même certains membres de la minorité blâmable qui comprend les écologistes, les ennemis du bien-être remplis de préjugés, les hommes préhistoriques et rétrogrades.

Les jeunes filles, elles, c'est une tout autre histoire. Elles adorent la XKR. Des petites filles en landau aux mondaines valeureuses et sexagénaires, celles qui se souviennent encore de l'époque de leur belle jeunesse où on leur offrit de monter sur la E-Type d'une star en vacances, elles se retournent toutes pour suivre de regards admiratifs le museau long, rond élancé et en même temps massif des XKR qui passent. Mais ce n'est pas une surprise : les Jaguar touchent depuis toujours une corde cachée et sensible de l'âme féminine. Une corde que beaucoup d'autres constructeurs ont du mal à trouver.

Mais il ne s'agit pas seulement d'hormones. Cette Jaguar marche vraiment bien, et la conduire séduit tout autant que de la voir passer sur la

sempre quello: di pari forza rimane l'erogazione della coppia a tutti i regimi di rotazione, tradizionale punto di vantaggio del volumetrico rispetto al più economico ma più discontinuo turbocompressore.

A velocità elevate, la XKR mostra i frutti di uno studio telaistico all'altezza della leggenda Jaguar. Il telaio lavora infatti in maniera impeccabile, con sospensioni che riescono a combinare comfort e sportività senza lasciare particolari lati oscuri; in questo risalta ancora una volta la robustezza strutturale della scocca, grazie alla quale a lavorare sono proprio le sospensioni, non il pianale.

La coupé rimane sempre molto silenziosa, a tutte le velocità: la convertible mostra, a capote chiusa, un aumento di rumorosità davvero modesto, più che altro avvertibile oltre i 200 all'ora, mentre se si viaggia "scoperti" le turbolenze nell'abitacolo diventano sensibili già a 130-140 chilometri orari.

Molto elegantemente, la Jaguar non ha fornito, con questa sua superba vettura, uno "schermo" del tipo previsto, invece, da tutte le concorrenti tedesche. Questo è un bene, perché

continuous and gearchanges as smooth as can be. The XKR, in fact, accelerates more like a two-jet aircraft than a car with an internal combustion engine.

The noise – or at least the background tone – of the large V-8 remains basically the same from the aspirated version to the supercharged. The latter, however, has the metallic roar of the compressor, a shrill whistle very much like that of a powerful electric engine. The tone conjures up memories for anyone who ever heard – especially on the track the pre-war 12-cylinder Auto Union – with its two-stage compressor. Technical progress has slightly modified the structure of the compressor which now has three lobes instead of two, as well as a different shape, but the concept has stayed the same, as the torque delivery at all revs, a traditional strong point of the volumetric version as opposed to the more economical but erratic one with the turbocompressor.

At high speeds, the XKR reaps the fruits of chassis design worthy of the Jaguar legend. The chassis works impeccably, with the suspensions managing to combine comfort and sportiness

route. Confortable, mais aussi d'une robustesse palpable dans les endroits qui comptent, au point que même la convertible apparaît très " rigide " ; la coque est dépourvue de ces petits mouvements de torsion qui, sur d'autres voitures, donnent une désagréable impression de fragilité, en transmettant l'image d'un toit coupé sans que sa fonction structurelle ait été compensée par des mesures adéquates. En ceci, la XK, aussi bien en version normale que *supercharged*, apparaît parfaitement à la hauteur de la situation. La robustesse de sa coque est exemplaire : même les sollicitations en torsion les plus brutales sont complètement ignorées, au point que l'on finit par s'émerveiller à voir d'autres constructeurs, même titrés, produire encore des voitures qui souffrent toujours de ces problèmes.

La maniabilité de la boîte est excellente ; le sélecteur " J " est d'une utilisation facile et intuitive, même si les limitations typiques des automatiques conventionnelles demeurent avec la sensation inévitable de patinage due au convertisseur de couple. Nous sommes toutefois en désaccord avec ceux qui voudraient adopter aussi sur ces voitures la boîte manuelle, qui enlèverait aux

è evidentemente un controsenso volere un'auto scoperta per poi "blindarsi" dentro a un cubicolo costituito da parabrezza, finestrini laterali, schermo posteriore... Che rimane, allora, della vivace sensazione dell'aria fra i capelli? Se vi dà tanto fastidio alzate la capote, prendete la coupé; prendete una berlina, insomma, fate quello che volete ma lasciate stare la convertible come dev'essere, pura, ricca di emozioni e sensazioni anche fisiche, tattili, leggermente primordiali. È questo che si chiede a un'auto scoperta: ripristinare il contatto con l'ambiente esterno. Di queste sensazioni, la XK8, specie se XKR e convertible, ne garantisce una marea.

Forte, veloce e massiccia come solo una vera sportiva inglese di gran razza può essere, la più nuova delle Jaguar esalta, su strada, con un insieme di doti davvero unico: velocità ed eleganza, per sposarsi felicemente, esigono cromosomi impeccabili, altrimenti si cade nelle sindromi nordamericane di più bassa lega, o nelle tragedie tipo Bentley Continental T, spiegabili solo con la disperazione di chi non ha mezzi per realizzare nulla di meglio. La Jaguar, invece, i mezzi li ha: le sono stati messi a disposizione, ma mediante l'interposizione di tutori intelligenti e colti, che hanno indirizzato i dollari su impostazioni di primissimo livello. Per esempio, come si è detto, l'integrità strutturale di una scocca perfettamente rigida e indeformabile, che rende l'auto sicura, silenziosa ed efficiente al tempo stesso.

Soprattutto, comunque, va ricordato che la XKR va come un missile. O forse no, il missile non dà l'idea giusta: il missile è leggero, affilato, delicato, spesso fallisce ed esplode. No, la XKR assomiglia più a un'elegante, velocissima, massiccia locomotiva, una di quelle straordinarie

without any hitches. Here it is again the structural robustness of the body which excels; which is why it is the suspensions which do all the work, not the floorpan.

The coupé is very silent at all speeds. With the hood up, the convertible maintains very low noise levels, which you only really notice above 200 km/h. If, instead, you travel with the car open, turbulence begins to make itself felt in the cabin at 130-140 km/h.

Jaguar has tastefully decided not to supply a 'screen' with this superb car, unlike all its German competitors. This is a good thing because it would evidently be a contradiction in terms to have an open car, then protect yourself inside a cubicle formed by windscreen, side windows and rear screen... What would become of that wonderful feeling of the wind blowing in your hair? Surely if that bothers you, you simply raise the hood. Take the coupé, take a saloon, do what you will, but for heaven's sake leave the convertible as it should be; pure and full of exciting, physical, tactile, slightly primordial sensations. This is what we expect of an open car: contact with the outside environment. The XK8, especially the XKR convertible, offers such sensations by the bundle.

Strong, fast and well-built the way only a thoroughbred British sports car can be, on the road the latest Jaguar raises the profile of a unique list of attributes: if they are to enjoy a happy marriage, speed and elegance need impeccable chromosomes; otherwise you get low-level North American syndromes or tragedies like the Bentley Continental T, the fruit of the desperation of people who don't possess the means to make anything better. But Jaguar has those means. They have been provided by its intelligent, cultured masters, who have channelled its dollar into top-level designs. For example, as we have seen, the structural integrity of a permanently rigid, undeformable chassis makes the car safe, silent and efficient – all at once.

Most of all, it's important to remember that the XKR moves like a missile. Or maybe it doesn't. Maybe the missile image doesn't convey the right idea. A missile is light, sharp and delicate. It often misses its target and explodes. No, the XKR is more like an elegant great locomotive, one of those wonderful faired models created,

XK une partie de leur charme qui est fait de performances mais aussi de la progression lisse, sans discontinuité, entre les différentes vitesses.

Le point fondamental de ce choix, c'est que la boîte automatique n'enlève pratiquement rien aux performances sensationnelles de la XKR. (Sur la XK8, qui présente des performances atmosphériques moins poussées, la boîte de vitesses manuelle est encore moins indiquée). Il suffit de mettre le levier sur " D ", d'enfoncer la pédale de l'accélérateur au plancher et la XKR arrive aux 100 kilomètres heure en environ 5 secondes, départ arrêtée ; un temps qui se passe de commentaires. L'accélération est puissante, continue, les changements parfaitement 'lisses', l'ensemble du comportement de la XKR rappelle plus l'accélération d'un biréacteur que celle d'une voiture équipée d'un moteur à combustion interne.

Le bruit du gros V8 ne change pratiquement pas, au moins pour la tonalité de fond, entre la version atmosphérique et la version turbo ; cette dernière exhibe toutefois le ronflement métallique du compresseur, un sifflement dur, très similaire à celui d'un moteur électrique très puissant, dont la tonalité est particulièrement évocatrice pour qui a jamais entendu en marche, et peut-être sur circuit, un 12 cylindres Auto Union d'avant-guerre, avec son compresseur à double phase. Les progrès de la technique ont un peu modifié la structure du compresseur, qui possède maintenant trois lobes et non plus deux, et de forme différente, mais le concept est le même : le développement du couple reste de même force à tous les régimes de rotation, avantage traditionnel du volumétrique par rapport au turbocompresseur, plus économique mais plus discontinu.

A vitesse élevée, la XKR révèle les fruits d'une étude de châssis à la hauteur de la légende Jaguar. Le châssis travaille en effet de manière impeccable, avec des suspensions qui arrivent à combiner confort et sportivité sans laisser de points particuliers dans l'ombre ; en ceci on voit ressortir encore une fois la robustesse structurelle de la coque, grâce à laquelle ce sont les suspensions qui travaillent, et pas la caisse.

Le coupé reste très silencieux, à toutes les vitesses : la convertible fait apparaître une augmentation du bruit vraiment modeste quand la capote est fermée, que l'on perçoit surtout au-delà des 200 à l'heure, tandis que si l'on voyage découverts, les turbulences deviennent sensibles

Le strade affollate dal traffico lasciano poche possibilità di conoscere i limiti di una XK8. La Jaguar ama organizzare test drive in pista per poter approfondire meglio la conoscenza delle sue straordinarie GT.

It's hard to grasp the potential of the XK8 on busy roads. Jaguar likes organising test drives on the track to let people become familiar with its outstanding GTs.

Les routes embouteillées laissent peu de possibilités de connaître les limites d'une XK8. Jaguar aime organiser des séances de test sur circuit pour pouvoir mieux approfondir la connaissance de ses extraordinaires GT.

"carenate" create, negli anni d'oro del vapore, da Sir Nigel Gresley. Velocissimi oggetti pieni di sostanza, nei quali il piacere del contatto è pari a quello, senz'altro importante, delle prestazioni di "prima linea".

La poderosità dell'immagine di una XKR viene ben dimostrata dal fatto che a essa viene riconosciuta, in autostrada, una priorità naturale sull'uso della corsia di sorpasso. A parte i camper, le cui scorrerie sulla corsia di sinistra sono legati più alla cronica ignoranza dei loro guidatori che a una scelta tecnica, tutti gli altri utenti della

in the golden years of steam, by Sir Nigel Gresley: lighting fast objects of substance in which the pleasure of contact was on a par with that of their other important quality, first-rate performance.

Proof that the XKR's appearance is impressive is that on motorways it enjoys an almost natural right of way in the fast lane. Besides campers, whose raids into the fast lane are due more to the chronic ignorance of their drivers than to any technical choice, the XKR is the only vehicle which other road users are happy to

dans l'habitacle dès les 130-140 km/h.

Très élégamment, Jaguar n'a pas fourni, avec sa superbe voiture, un bouclier du type prévu, à l'inverse de toutes ses concurrentes allemandes. Cela est bien, car c'est évidemment un contresens de vouloir une voiture découverte pour ensuite se caparaçonner à l'intérieur d'un cube constitué par le pare-brise, les vitres latérales, un écran arrière... Que reste-t-il alors de la sensation vivante de l'air dans les cheveux ? S'il vous ennuie à ce point, levez la capote ; prenez le coupé ; prenez une berline, en somme, faites ce que vous voulez, mais laissez la convertible comme elle doit être, pure, riche en émotions et en sensations même physiques, tactiles, légèrement primordiales. C'est cela que l'on demande à une voiture découverte : rétablir le contact avec l'environnement externe. De ces sensations, la XK8, surtout la XKR convertible, en garantit une profusion.

Forte, rapide et massive comme seule une véritable anglaise de sport de grande race peut l'être, la plus nouvelle des Jaguar exalte, sur tous les terrains, avec un ensemble de qualités vraiment unique : vitesse et élégance, pour se marier avec bonheur, demandent des chromosomes impeccables, sinon l'on se retrouve dans les syndromes nord-américains du plus mauvais métal, ou dans les tragédies du type Bentley Continental T, explicables uniquement par le désespoir des personnes qui n'ont pas les moyens de réaliser quelque chose de mieux. La Jaguar, elle, a les moyens : des tuteurs intelligents et cultivés, qui ont investit leurs dollars sur des organisations de tout premier plan, les lui ont mis à disposition, ces moyens. Par exemple, comme on l'a déjà dit, l'intégrité structurelle d'une coque parfaitement rigide et indéformable, qui rend la voiture sure, silencieuse et efficace en même temps.

Surtout, il faut toujours rappeler que la XKR a le fonctionnement d'un missile. Ou peut-être pas, le missile ne donne pas la bonne impression : les missiles sont légers, effilés, délicats, souvent ils ratent leur cible et explosent. Non, la XKR ressemble plus à une locomotive massive, très rapide, élégante, une de ces extraordinaires machines carénées créées, dans l'âge d'or de la vapeur, par Sir Nigel Gresley. Objets très rapides pleins de substance, dans lesquels le plaisir du contact est égal à celui, certainement important,

Le rivali

Coupé o cabriolet, aspirata o sovralimentata. L'XK8/XKR offre quattro diverse combinazioni di scelta al cliente: nel nostro raffronto comparativo abbiamo scelto come modello di riferimento la XKR in versione coupé, in virtù della sua spiccata personalità sportiva. Aston Martin DB7, Maserati 3200 GT e Porsche 911 le rivali più dirette. Nel confronto la Jaguar ne esce come segue.

Rivals

Coupé or cabriolet, aspirated or supercharged: the XK8/XKR offers the customer a choice of four different versions. We have chosen the XKR coupé as our term of comparison by virtue of its outstandingly sporty personality. The Aston Martin DB7, the Maserati 3200 GT and the Porsche 911 are its most direct rivals. Jaguar comes out of the comparison as follows.

Les rivales

Coupé ou cabriolet, atmosphérique ou turbocompressée. L'XK8/XKR offre 4 combinaisons différentes au client : dans notre comparaison approximative nous avons choisi comme modèle de référence la XKR en version coupé, en vertu de sa personnalité sportive marquée. Aston Martin DB7, Maserati 3200 GT et Porsche 911 sont ses rivales les plus directes. Dans la comparaison la Jaguar s'en sort comme suit.

Velocità max	Maserati Porsche Aston Martin Jaguar (lim.)	280 km/h 280 km/h 265 km/h 250 km/h
0-100 km/h	Maserati Porsche Jaguar Aston Martin	5.1 sec. 5.2 sec. 5.4 sec. 5.7 sec.
0-400 m	Porsche Maserati Jaguar Aston Martin	13.2 sec. 13.3 sec. 14.0 sec. 14.1 sec.
0-1000 m	Porsche Maserati Jaguar Aston Martin	24.0 sec. 24.2 sec. 25.3 sec. 25.8 sec.
70 km/h-120 km/h	Porsche Maserati Jaguar Aston Martin	14.9 sec. 15.1 sec. 15.5 sec. 16.4 sec.
60 km/h-0	Porsche Maserati Jaguar Aston Martin	13.4 m 14.1 m 14.7 m 14.9 m
130 km/h-0	Porsche Maserati Jaguar Aston Martin	62.3 m 65.0 m 68.0 m 70.6 m

	JAGUAR **XKR**	**ASTON MARTIN** **DB7**	**MASERATI** **3200 GT**	**PORSCHE** **911**
	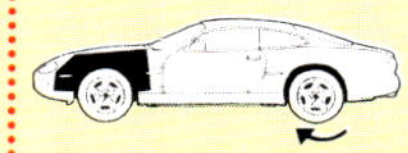	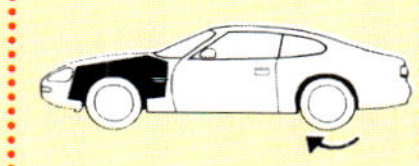	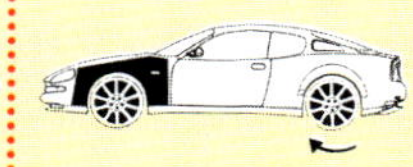	
Cilindri **Cylinders** **Cylindres**	8 (V9C°)	6 L	8 (V90°)	6 Boxer
Alesaggio x corsa **Bore x stroke** **Alésage x course**	86 x 86 mm	91 x 83 mm	80 x 80 mm	96 x 78 mm
Cilindrata **Total displacement** **Cylindrée**	3996 cm^3	3239 cm^3	3217 cm^3	3387 cm^3
Distr./Valvole **Tim. System/Valves** **Distr./Soupapes**	2/32	2/24	2/32	2/24
Compressione **Compression** **Compression**	9:1	8.3:1	8:1	11.3:1
Potenza (giri) **Power (rpm)** **Puissance (tours)**	370 CV (6150)	340 CV (6000)	370 CV (6250)	300 CV (6800)
Potenza specifica **Specific power** **Puissance spécif.**	92.5 CV/l	104.9 CV/l	116 CV/l	88.5 CV/l
Coppia (giri) **Torque (rpm)** **Couple (tours)**	525 Nm (3600)	490 Nm (3900)	491 Nm (4500)	350 Nm (4600)
Cambio **Gearbox** **Boîte de vitesses**	A5	M5/A4	M6/A5	M6/Tiptronic
Peso **Weight** **Poids**	1640 kg	1700 kg	1590 kg	1320 kg
Pneumatici **Tyres** **Pneus**	245/45 ZR 18 255/50 ZR 18	245/40 ZR 18	235/40 ZR 18 265/35 ZR 18	205/50 ZR 17 255/40 ZR 17
Rapp. peso/potenza **Weight/power ratio** **Rapp. poids/puiss.**	4.43 kg/CV	5 kg/CV	4.29 kg/CV	4.4 kg/CV

strada lasciano rapidamente e volentieri spazio a una XKR. Ne intuiscono evidentemente, già nello specchietto retrovisore, la potenza, la forza fisica, la pura e semplice superiorità, che però, essendo espressa con le linee voluttuose e sempre eleganti di una Jaguar, non infastidisce.

Se la marcia autostradale veloce con una XKR è esaltante, permettendo di coprire lunghe distanze senza fatica, ancora meglio è uscire dall'autostrada, abbassare l'ampia capote (15 secondi in tutto, azionando un unico tasto a motore acceso, ma, ovviamente, ad auto immobile!) e dirigersi verso la collina o la montagna. L'agilità della XK, sia con che senza compressore, è eccellente, il silenzio del motore sempre impeccabile, si viaggia quindi in maniera straordinariamente piacevole lasciando al cambio automatico il lavoro più continuo e noioso, permettendo quindi di concentrarsi su sterzo, freni e paesaggio.

In queste strade, dove la geometria dei tornanti è dettata soprattutto dalle pieghe della roccia e il fondo stradale spesso risente delle condizioni climatiche e delle gelate invernali, la XKR mostra con che intelligenza è stata integrata l'elettronica nel suo "sistema nervoso". La più ovvia di queste applicazioni è quella dell'ABS, che toglie molti pensieri quando si trovano buche, asfalto irregolare o brecciolino. L'altra, anche più importante pensando alla grande potenza della XKR, è il cosiddetto EDC, il sistema antislittamento in accelerazione.

Il suo effetto è semplicemente affascinante. Strutturato com'è su questo modello, esso lavora per migliorare la sicurezza di marcia, ma senza abbattere inutilmente il necessario piacere di guida. Per apprezzarlo al meglio, si può schiacciare a fondo l'acceleratore all'uscita di una curva stretta (questo vale anche in pianura, ad esempio quando si è fermi a un semafo-

let pass. In their rear view mirrors they evidently grasp the car's power and physical strength; in short, its outright superiority (not that, enhanced as they are by voluptuous, elegant lines, these qualities are ever disturbing).

Driving the XKR fast down the motorway is exciting and allows you to gobble up long distances effortlessly. But even better is to come off the motorway, lower the large hood (which takes 15 seconds in all and simply involves pressing a single button with the engine off and the car standing still – of course!) and set

off into the hills and mountains. The XK is wonderfully agile with or without the compressor and the engine is always impeccably silent. Now you can travel at your ease, leaving all the boring routine work to the automatic gearchange. All you have to do is steer and brake – and lap up the scenery.

On mountain roads where the geometry of the bends is created largely by the lie of the rock and the surface is often damaged by the cold and ice in winter, you can appreciate how intelligently the electronics have been integrated into its 'nervous system'. The most obvious application is the ABS, which solves many headaches when you come up against potholes, uneven surfaces or gravel. The other – even more important in view of the XKR's great power – is the so-called EDC antiskid system.

It is incredibly effective. Structured as it is on this model, it works to improve driving safety without detracting from driving pleasure. To appreciate it to the full, step down on the throttle as you come out of a hairpin (or else on level ground when you're standing at a traffic light and have to make a sharp turn straight after you set off). Your foot sinks the throttle pedal into the soft mat which protects the firewall,

des performances de première ligne.

La puissance de l'image d'une XKR est bien démontrée par le fait qu'en autoroute on lui reconnaît son autorité, sa priorité naturelle dans l'utilisation de la voie de dépassement. A l'exception des camping-car, dont les embardées sur la voie de gauche sont plus liées à l'ignorance chronique de leurs conducteurs qu'à un choix technique, tous les autres utilisateurs de la route laissent rapidement et volontiers la place aux XKR. On en comprend tout de suite l'évidence rien qu'en voyant, dans le petit miroir du rétroviseur, sa puissance, sa force physique, sa supériorité pure et simple qui toutefois, étant exprimée avec les lignes voluptueuses et toujours élégantes d'une Jaguar, n'est absolument pas gênante.

Si la conduite sur autoroute rapide est exaltante avec une XKR, en permettant de couvrir de longues distances sans fatigue, il est encore mieux de sortir de l'autoroute, d'abaisser l'ample capote (15 secondes en tout, en actionnant une unique touche le moteur allumé, mais, évidemment, la voiture étant immobile !) et de se diriger vers la colline ou la montagne. L'agilité de la XK, aussi bien avec que sans compresseur, est excel

lente, le silence du moteur toujours impeccable, on voyage donc de manière extraordinairement agréable en laissant à la boîte automatique le travail plus continu et ennuyeux, en permettant donc de se concentrer sur la direction, les freins et le paysage.

Sur ces routes, où la géométrie des virages est surtout dictée par les replis du rocher et la chaussé se ressent souvent des conditions climatiques et des gelées hivernales, la XKR montre avec quelle intelligence l'électronique a été intégrée dans son " système nerveux ". La plus évidente de ces applications est l'ABS, qui élimine de nombreux soucis quand on trouve trous, asphalte irrégulier

ro e subito dopo si deve svoltare senza perdere tempo). Il piede affonda il pedale dell'acceleratore nel soffice tappetino che protegge il parafiamma, la XKR abbassa appena la coda, accenna al necessario coricamento laterale, le gomme si incollano all'asfalto e il motore dosa perfettamente la sua potenza in modo che la Jaguar si catapulti in avanti con l'ormai consueta accelerazione, ma senza la minima esitazione né alcuno slittamento: dal punto di vista della fluidità di guida, il grande progresso di questo sistema è che esso non "spegne" il motore sostituendo allo slittamento delle ruote motrici un interminabile momento di imbarazzante caduta di potenza, come succede talvolta su altre vetture, ma dosa alla perfezione potenza e controllo dell'aderenza.

Grazie a questo, la XKR si fionda in avanti stabile, perfettamente bilanciata anche se l'accelerazione avviene in curva e, molto importante, se il fondo è viscido per pioggia e altre catastrofi metereologiche. La sua azione è massimamente profittevole a velocità basse e medie: non si deve pensare che l'EDC elimini gli inevitabili problemi di tenuta sulle autostrade allagate, ad alte velocità. Però l'aiuto che dà è veramente formidabile. Come dire: il giusto sigillo tecnico a un'automobile davvero straordinaria.

Sì, perché, cinquant' anni esatti dopo la creazione della prima XK, la Jaguar è riuscita a ricreare un modello sportivo, anzi, un intero quartetto di vetture, di impressionante bellezza, fascino infinito e desiderabilità massima. Quattro automobili stupende, finalmente ritornate all'altezza delle migliori concorrenti italiane e tedesche, del tutto degne di portare, a fronte alta, il marchio XK e il nobile bollo rosso delle Jaguar sportive... ma sportive davvero.

the XKR lowers its tail slightly, lies slightly to the side just as it should, the tyres stick to the asphalt and the engine delivers power perfectly so that the car catapults forward, quick off the mark as ever, but without hesitating or skidding. From the point of view of driving smoothness, the big breakthrough of this system is that it does not stall the engine, replacing the skidding of the drive wheels with an interminable and embarrassing moment when the power drops, as happens sometimes on other cars, but controls power and grip to perfection.

The XKR thus shoots forward with perfect stability and balance, even when accelerating round corners or, more important still, the road surface has been made slippery by rain or some other meteorological catastrophe. The EDC device works best at low and medium speeds. Of course it does not eliminate the inevitable problems of holding on flooded roads at high speed. But it does offer formidable assistance. It is, in other words, a worthy technical plus for a truly extraordinary car.

Yes, fifty years after creating the first XK, Jaguar has managed to recreate a sports model – or, more precisely, a quartet of sports models of impressive beauty, infinite charm and maximum desirability. These four stupendous cars are at last back on a par with the company's top Italian and German competitors and are fully entitled to proudly bear the XK logo. Not to mention the noble red brand label of Jaguar sports cars. And I use the word 'sports' advisedly!

ou en décrépitude. L'autre, plus importante si on pense à la grande puissance de la XKR, est le dit EDC, le système antipatinage en accélération.

Son effet est simplement fascinant. Structuré comme il l'est sur ce modèle, il travaille pour améliorer la sécurité de marche, mais sans réduire inutilement le nécessaire plaisir de la conduite. Pour l'apprécier au mieux, il est possible d'appuyer à fond sur l'accélérateur en sortie de virage étroit (ceci vaut aussi en ville, par exemple quand on est arrêté à un feu rouge et aussitôt après que celui-ci passe au vert il faut virer sans perdre de temps). Le pied enfonce la pédale de l'accélérateur dans la douce moquette qui recouvre le brasier, la XKR abaisse à peine la queue, entame le chargement latérale nécessaire, les pneus se collent à l'asphalte et le moteur dose parfaitement sa puissance de manière à ce que la Jaguar se catapulte vers l'avant avec l'accélération désormais habituelle, mais sans la plus petite hésitation ni aucun patinage : du point de vue de la fluidité de conduite, le grand progrès de ce système est qu'il n'arrête pas le moteur en remplaçant le patinage des roues motrices par un moment de baisse de puissance embarrassante et interminable, comme c'est parfois le cas sur d'autres voitures, mais il dose puissance et contrôle de l'adhérence à la perfection.

Grâce à ceci, la XKR se lance en avant stable, parfaitement équilibrée même si l'accélération se fait en courbe et, très important, si le fond est glissant du fait de la pluie ou d'autres catastrophes météorologiques. Son action est massivement profitable à basses et moyennes vitesse, l'EDC n'élimine pas les inévitables problèmes de tenue de route sur les autoroutes inondées, à grandes vitesses. Mais son aide est vraiment formidable. C'est exactement la marque technique d'une voiture vraiment extraordinaire.

Oui, car cinquante ans exactement après la création de la première XK, la Jaguar a réussi à recréer un modèle de sport, même un quartet entier de voitures, d'une beauté impressionnante, au charme infini et à la désidérabilité maximum. Quatre superbes automobiles, finalement revenues à la hauteur des meilleures concurrentes italiennes et allemandes, dignes de porter, le front haut, la marque XK et le noble tampon rouge des Jaguar de sport ... mais vraiment de sport.

Automobilia
desidera ringraziare
per la preziosa collaborazione
gli uffici stampa della Jaguar di Coventry
e della Jaguar Italia di Roma.
Un ringraziamento particolare anche al
Jaguar Club Italia e a Royal Cars, Milano.

Automobilia
wishes to thank the press offices
of Jaguar of Coventry
and Jaguar Italia in Rome for their
precious collaboration.
A special thanks also to Jaguar Club
Italia and Royal Cars of Milan.

Automobilia
désire remercier les bureaux de presse
de Jaguar à Coventry
et de Jaguar Italia à Rome pour leur
précieuse collaboration.
Un remerciement particulier aussi au
Jaguar Club Italia et à Royal Cars, Milan.

OGW 697